Klomfaß

Kommunales Kassenwesen

Kommunales Kassenwesen

Grundlagen für Ausbildung und Praxis auf Basis des rheinland-pfälzischen Rechts

von

Ralf Klomfaß

2. Auflage 2021

Die Deutsche Nationalbibliothek verzeichnet diese Publikation in der Deutschen Nationalbibliografie; detaillierte bibliografische Daten sind im Internet unter http://dnb.d-nb.de abrufbar.

Umschlaggestaltung: Huwer Grafik Design, Hürth
Druck: SDK Systemdruck Köln
Satz: Cicero Computer GmbH, Bonn

ISBN 978-3-7922-0258-6 (Print)
ISBN 978-3-7922-0259-3 (Digital)
2. Auflage 2021
www.reckinger.de

Vorwort zur zweiten Auflage

Das kommunale Kassenwesen ist besonders lebensnah ausgestaltet. Schließlich hat es zuvorderst ganz alltägliche Aufgaben wie die Verbuchung und Zahlung eingegangener Rechnungen oder den zeitnahen Forderungseinzug zur tatsächlichen Finanzierung des Haushalts abzubilden. Folgerichtig entwickelt sich das kommunale Kassenwesen stets weiter.

Mit der zweiten Auflage werden sämtliche Kapitel aktualisiert. Eingegangen wird übergreifend insbesondere auf die Digitalisierung, bis zur Darstellung eines modellhaften digitalen Kassenanordnungswesens. Diese digitalen Entwicklungen stärken generell Verrechnungsmöglichkeiten (gerade zwischen verschiedenen Behörden), anstatt jeweils auf Einzelüberweisungen zurückzugreifen, was zugleich dem Grundsatz der Datenminimierung (früher: Datensparsamkeit) folgt. Bei den Zahlungsformen wird auf moderne Internetbezahlmöglichkeiten bzw. damit zusammenhängende mögliche Prozessabläufe eingegangen. Zugehörig werden erweiterte Sicherheitsfragen in Erwägung gezogen (mit Ausblick bis hin zur Revision der Informationssicherheit, z. B. ganz konkret zu Schnittstellen). Bezüglich der schon in der ersten Auflage als wesentlich betonten Kassensicherheit wird auf neue praktische Beispiele hingewiesen. Bei der grundsätzlichen Verortung der Buchhaltung als Kassengeschäft kommt es zur Klarstellung. Auf das aktuelle Umfeld mit Negativzinsen wird z. B. bei der Entwicklung der Liquiditätskredite der Kommunen kurz eingegangen. Zur Verwaltungsvollstreckung ist die zum Jahr 2013 erfolgte umfassende Reform der Vermögensauskunft in der Praxis etabliert, weshalb ein Grundschema der seither möglichen Organisation der Abläufe eingefügt wird. An verschiedenen Stellen werden zudem moderne Möglichkeiten der interkommunalen Zusammenarbeit aufgezeigt – bis hin zum nutzenoptimalen Extremfall einer Zweckverbandskasse für mehrere Kommunen gemeinsam.

Für Hinweise zur Fortentwicklung des Werkes bin ich jederzeit dankbar.

Mainz, im Juli 2021

Ralf Klomfaß

Vorwort zur ersten Auflage

Mit dem kommunalen Kassenwesen verbindet man häufig allenfalls ein Randgebiet, welches überdies als wenig reizvoll, mitunter gar als „angestaubte" Materie angesehen wird. Es gibt viele Ansatzpunkte, diese Einschätzung kritisch zu hinterfragen. Vielleicht bietet sich zum Einstieg einmal folgende differenzierte Betrachtung an:

Die freie Preisbildung stellt ein Grundelement unserer sozialen Marktwirtschaft dar. Weil diese Preisbildung durch Angebot und Nachfrage in einer modernen Volkswirtschaft nicht mehr durch den unmittelbaren Warentausch effektiv zu gewährleisten wäre, wird der Preis in der weit überwiegenden Zahl der Fälle – wie selbstverständlich – durch Geldeinheiten bestimmt. Geld spielt folglich eine überragende Rolle in allen gesellschaftlichen Konstellationen: Von der großen Welt- über die EU- wie Bundespolitik, selbstverständlich in Unternehmen wie insbesondere bei Banken, aber auch in jedermanns Alltag – und schlussendlich natürlich auch bei Kommunen. Wie aber schon Kurt Tucholsky treffend formulierte: „Nationalökonomie ist, wenn die Leute sich wundern, warum sie kein Geld haben."[1] Genau hier setzt das Kassenwesen an. Nicht nur in Krisenzeiten ist Geld ein Engpassfaktor. Zwar beschäftigen wir uns in den folgenden Kapiteln mit Fragestellungen, welche die Kommunen bewegen, bereits anhand der Ausgangslage ist jedoch ersichtlich, dass diese Themen in ähnlicher Weise z. B. auch bei Land und Bund zu diskutieren wären, aber auch darüber hinaus bei Unternehmen – und häufig auch bei jedem Leser persönlich, gerade beim vielleicht manchmal ernüchternden Blick auf das eigene Girokonto. Somit stellt das kommunale Kassenwesen wegen der allgemeinen Bedeutung nicht nur einen wichtigen Teilaspekt des Finanzwesens in der Ausbildung wie in der beruflichen Praxis dar, sondern es bietet aufgrund der vielen Verknüpfungen zu anderen Rechtsgebieten auch tiefe Einblicke in und dadurch ein besseres Verständnis für wirtschaftliche Vorgänge – weit über den kommunalen Tellerrand hinaus.

Die Praxisrelevanz darf dabei nicht einschränkend auf Mitarbeiter der jeweiligen Gemeindekasse begrenzt werden. Jeder Kommunalbedienstete, der in irgendeiner Weise mit Buchungsvorgängen zu tun hat, macht über kurz oder lang auch Bekanntschaft mit dem anwendbaren Kassenrecht. Also auch wenn Sie als Leser z. B. einzig mit Bestellvorgängen und

1 Tucholsky, Kurzer Abriß der Nationalökonomie, in: „Die Weltbühne", 15. September 1931, S. 393.

deren Abwicklung befasst sind, sollten Sie sich mit den damit zusammenhängenden kassenrechtlichen Vorgängen vertraut machen. Dies dient nicht nur Ihrer eigenen Absicherung. Vielfach bieten sich Ihnen dadurch auch deutliche Arbeitsvereinfachungen bis hin zum kategorischen Ausschluss von Fehlerquellen. Dies kann z. B. auch Beanstandungen von Rechnungsprüfern verhindern, deren Aufgaben in aller Kürze ebenfalls dargestellt werden.

Ziel des Werkes ist es folglich, in diesem Sinne umfassende Einblicke in das kommunale Kassenwesen zu gewähren, ohne sich im Detail zu verlieren. Dabei wird nach einer allgemeinen Darstellung der rechtlichen Ausgangslage jedes Themas versucht, dieses mit häufig auf wahren Begebenheiten basierenden Beispiel- und Übungsfällen zu veranschaulichen. Grundlage dieser Ausführungen sind dabei langjährige berufliche Einsichten des Autors bei einer Kommunalkasse wie auch umfängliche Erfahrungen durch die mehrjährige Dozententätigkeit in diesem Bereich.

Bereits eingangs ist darauf hinzuweisen, dass sich – bundesländerübergreifend – die Kommunen unverändert im Umbruchprozess befinden. Die Kameralistik stellt nach dem politischen Willen ein Auslaufmodell dar. Umzustellen ist auf die sog. kommunale Doppik[2], welche der kaufmännischen Buchführung unter Berücksichtigung kommunaler Besonderheiten nachgebildet ist. Diesbezüglich stehen zunächst umfassende haushaltsrechtliche Fragen im Vordergrund. Insbesondere gilt es jetzt, korrekte Haushaltspläne nach neuem doppischen Recht zu erzeugen, nachdem vorangehend umfängliche Inventarisierungen wie Produktbildungen bzw. -definitionen vorzunehmen waren. Kassenrechtliche Aspekte wurden dabei in vielen Fällen eher nachrangig behandelt. Dies könnte sich in dem einen oder anderen Punkt als Nachteil erweisen. Deshalb wird die kommunale Doppik in einem gewissen Mindestmaß nicht nur allgemein beschrieben, sondern vor allem werden die kassenrechtlichen Probleme durch diesen Umstellungsprozess hervorgehoben. In dieser Hinsicht ist festzustellen, dass noch nicht zu allen Fragestellungen rechtlich abschließende Antworten gefunden werden konnten und die künftigen Entwicklungen abzuwarten bleiben.

Abschließend sage ich all meinen Unterstützern Dank. Ich bin für jede Anregung, Kritik sowie für Ergänzungswünsche offen.

Mainz, im April 2011 Ralf Klomfaß

2 In anderen Bundesländern teilweise unter anderen Begriffen firmierend; in Nordrhein-Westfalen z. B. wird vom „Neuen Kommunalen Finanzmanagement" (NKF) gesprochen – nicht nur ein semantischer Unterschied.

Inhaltsverzeichnis

Abkürzungsverzeichnis

Allgemein

a. E.	am Ende
a. F.	alte Fassung
AGVwGO	Ausführungsgesetz zur Verwaltungsgerichtsordnung
AktG	Aktiengesetz
Alt.	Alternative
Anl.	Anlage
Anm.	Anmerkung
AO	Abgabenordnung
Auflage	Auflage
Ausn.	Ausnahme(n)
BauGB	Baugesetzbuch
BGB	Bürgerliches Gesetzbuch
BGBl.	Bundesgesetzblatt
BGH	Bundesgerichtshof
bzgl.	bezüglich
ca.	circa
DA	Dienstanweisung
d. h.	das heißt
EigAnVO	Eigenbetriebs- und Anstaltsverordnung
entspr.	entsprechend
evtl.	eventuell
f./ff.	folgende/fortfolgende
Fn.	Fußnote
GemO	Gemeindeordnung
GemO-alt	alte (überholte/kamerale) Fassung
GemHVO	Gemeindehaushaltsverordnung
GemHVO-alt	alte (überholte/kamerale) Fassung
GemKVO	Gemeindekassenverordnung (überholt)
GG	Grundgesetz
ggf.	gegebenenfalls
GmbHG	Gesetz betreffend die Gesellschaften mit beschränkter Haftung
GrStG	Grundsteuergesetz
GuV	Gewinn- und Verlustrechnung
GVBl.	Gesetz- und Verordnungsblatt
GVG	Gerichtsverfassungsgesetz
ha	Hektar
HDU	Handeln, Dulden, Unterlassen

HGB	Handelsgesetzbuch
Hg.	Herausgeber
inkl.	inklusive
i. d. R.	in der Regel
i. d. S.	in diesem Sinne
InsO	Insolvenzordnung
i. V. m.	in Verbindung mit
KAG	Kommunalabgabengesetz
KKZ	Kommunal-Kassen-Zeitschrift
KomDoppikLG	Landesgesetz zur Einführung der kommunalen Doppik
LGebG	Landesgebührengesetz
LKO	Landkreisordnung
LVwVfG	Landesverwaltungsverfahrensgesetz
LVwVG	Landesverwaltungsvollstreckungsgesetz
m. w. N.	mit weiteren Nachweisen
o. ä.	oder ähnlich
o. Ä.	oder Ähnliche (-es)
RHG	Landesgesetz über den Rechnungshof Rheinland-Pfalz
Rn.	Randnummer
S.	Seite
SGB	Sozialgesetzbuch
s. o.	siehe oben
sog.	sogenannt(e/en)
StGB	Strafgesetzbuch
SZ	Süddeutsche Zeitung
teilw.	teilweise
VA	Verwaltungsakt
VV	Verwaltungsvorschrift
VwGO	Verwaltungsgerichtsordnung
VwVfG	Verwaltungsverfahrensgesetz
ZPO	Zivilprozessordnung
ZVG	Zwangsversteigerungsgesetz

Speziell zum Lernumfang für Auszubildende

Zu jedem Kapitel werden als Hilfestellung neben der jeweiligen Überschrift Angaben zum empfohlenen Lernaufwand gemacht. Dabei werden die Themen vereinfachend in drei Kategorien eingeteilt, zudem ist der ungefähre Zeitumfang angeführt, welcher für die Behandlung des Stoffes anzusetzen ist. Dabei wird von ca. zehn Stunden für das Kassenwesen insgesamt ausgegangen. Die Abkürzungen bedeuten Folgendes:

Ü Überblickswissen erforderlich
GK Grundkenntnisse erforderlich
NK nähere Kenntnisse erforderlich
h Stunde

Erläuterung:

Es empfiehlt sich, die zitierten Rechtsgrundlagen eigenständig nachzulesen. Für ein mit „Überblickswissen erforderlich" (Ü) ausgewiesenes Kapitel reicht es dabei grundsätzlich aus, den Text durchzuarbeiten. In der Regel handelt es sich um allgemeine Ausführungen, welche bereits durch das Lesen verinnerlicht werden. Bei den mit „Grundkenntnisse erforderlich" (GK) gekennzeichneten Themen ist es erforderlich, dass die vorgestellten Prinzipien ohne Hilfsmittel benannt und inhaltlich erläutert sowie gegenüber evtl. konkurrierenden anderen Grundsätzen abgewogen werden können. Häufiger sind einzelne Punkte mit „GK" gekennzeichnet, weil es sich um komplexe Problemfelder z. B. mit weitreichenden Verknüpfungen in andere Rechtsgebiete handelt, nicht etwa, weil diese Inhalte grundsätzlich „leichter" als mit „NK" ausgewiesene Themen zu lernen wären. Schließlich müssen mit „nähere Kenntnisse erforderlich" (NK) hervorgehobene Ausführungen inhaltlich vollständig inkl. etwaiger Beispiele verstanden sein. Diese Themen stellen bei Prüfungen zu diesen Bereichen die grundlegende Materie dar, welche für eine ausreichende Fallbeantwortung unabdingbar ist. Exkurse sind regelmäßig nicht prüfungsrelevant, dienen aber dem Verständnis.

Die jeweiligen Stundenangaben stellen Richtwerte dar, welche auch die Behandlung etwaiger Beispiel- bzw. Übungsfälle bei eigenständiger Nachbearbeitung mit umfassen sollen. Zur Klarstellung: Im Hinblick auf Prüfungen reicht es im Bereich Kassenwesen grundsätzlich aus, die Unterlagen einmal sorgfältig durchzuarbeiten. Inhaltlich sind viele Themen logisch nachvollziehbar. Empfohlen werden kann ein Vergleich: Wie würde ich als Privatperson handeln, wenn es um mein eigenes Geld ginge? Natürlich funktioniert dies nicht bei allen Fragestellungen. Nicht nur nach vielen Prüfungsordnungen sowie den Präferenzen etlicher Prüfer ist wesentlich mehr Lernaufwand für das Haushaltsrecht aufzubringen. Kassenwesen wird oftmals – obwohl praktisch sehr bedeutsam und gerade für Berufseinsteiger nach absolvierter Ausbildung wesentlich häufiger relevant – „nur" mit Zusatzfragen abgefragt. Diese bieten dann aber die Gelegenheit, verhältnismäßig einfach Punkte zu sammeln.

1 Einführung

1.1 Rechtsgrundlagen des kommunalen Kassenwesens

Der Einstieg in ein verwaltungsbezogenes Themenfeld beginnt typischerweise mit der Darstellung der wichtigsten Rechtsgrundlagen, so notwendig auch beim kommunalen Kassenwesen. Dies wird oft jedoch als „überflüssiger Wissensballast" angesehen und so mancher Entscheidungsträger mag es als nicht besonders gewichtig einstufen, was durchaus häufiger an unzureichender Vorbefassung mit der Materie liegen kann. Vor allem in einzelnen Fachbereichen jenseits der kommunalen Kasse werden kassenrechtliche Vorgaben öfters schlicht als lästige Pflichtübung wahrgenommen, obwohl diese doch gerade dem Mitarbeiter- und damit dem Eigenschutz dienen. Beide Aspekte mögen auf eine unzureichende Berücksichtigung des Kassenwesens in den Ausbildungsplänen zu den Verwaltungsberufen begründet liegen. Häufig kommt die Frage auf: Warum bedarf es, gerade zum kommunalen Kassenwesen, überhaupt aktueller Rechtsgrundlagen? Die Antwort dürfte bereits aus dem allgemeinen Verwaltungsrecht bekannt sein und ist Art. 20 Abs. 3 GG zu entnehmen. Dort ist der sog. **Grundsatz der Rechtmäßigkeit der Verwaltung** festgelegt. Anders als beim i. d. R. eigennützigen Handeln privater Personen dürfte schnell verständlich sein, dass zuvorderst die öffentliche (Kommunal-)Verwaltung nicht beliebig jeden Fall anders handhaben darf. Auch dieser Grundsatz dient dem Verhindern willkürlicher Behördenentscheidungen. Ausfluss sind insbesondere der Vorrang und der Vorbehalt des Gesetzes. Demnach darf eine Behörde nicht gegen Rechtsvorschriften verstoßen und muss ihr Handeln grundsätzlich auf eine wirksame Rechtsgrundlage stützen. Das Bundesverfassungsgericht hat dazu entschieden: Je wesentlicher ein Eingriff durch die Verwaltung ist, desto eher bedarf es einer Entscheidung nicht bloß z. B. eines Verordnungsgebers sondern des Gesetzgebers selbst (**Wesentlichkeitstheorie**)[3]. Weil gerade im Bereich des kommunalen Kassenwesens weitgehende Grundrechtseingriffe realisiert werden – zu denken ist z. B. an Vollstreckungsmaßnahmen wie eine Lohn- bzw. Gehaltspfändung oder gar an die Zwangsversteigerung zum schuldnerischen Grundstück – wird deutlich, dass schon zwecks eigener Absicherung die Kenntnis der gültigen Rechtsgrundlagen von großer Bedeutung ist.

3 Vgl. BVerfGE 40, 237 (248 ff.); 84, 212 (226); 88, 103 (116), hier vereinfachend zusammengefasst.

Eingangs sollte vor Augen geführt werden, dass sich in der Kommunalverwaltung grundsätzlich im **Selbstverwaltungsrecht** bewegt wird, für Rheinland-Pfalz[4] geregelt in Art. 49 Abs. 3 Landesverfassung (vgl. auf Bundesebene Art. 28 Abs. 2 GG). Davon ausgehend ließe sich denken, dass eine jede Kommune ihre Kassengeschäfte frei gestalten könne – ein unvermeidbares Chaos unterschiedlicher Praxis von Gemeinde zu Gemeinde wäre jedoch die Folge.

Insbesondere im Interesse einheitlicher Handhabung und höherer Transparenz und Überprüfbarkeit, hat der Gesetzgeber spezielle Vorgaben zum Kassenwesen geschaffen. Maßgeblich ist für Rheinland-Pfalz der sehr überschaubare fünfte Abschnitt unter dem Stichwort „Kassenführung" mit den beiden **§§ 106 und 107 Gemeindeordnung** (nachfolgend kurz GemO). Der vorgelagerte § 105 GemO (Kredite zur Liquiditätssicherung) ist ebenfalls bedeutsam, im Zusammenhang zur verpflichtenden Liquiditätsplanung ferner § 95 Abs. 5 Satz 1 GemO.

Über § 116 Abs. 1 Nr. 10 GemO ist zwecks weiterer Ausgestaltung der Erlass einer Rechtsverordnung bzgl. der Aufgaben und der Organisation der Gemeindekasse (nebst etwaiger Sonderkassen), deren Beaufsichtigung und Prüfung sowie die Abwicklung des Zahlungsverkehrs und der Buchführung erlaubt. Diese Ermächtigung wird in Teilen von der Gemeindehaushaltsverordnung (**GemHVO**) in der Fassung vom 18. Mai 2006 genutzt[5]. Aus der aktuellen GemHVO[6] sind an dieser Stelle besonders die §§ 25 und 26 zur Abwicklung des Zahlungsverkehrs hervorzuheben. Die Angabe mit dem einschränkenden Hinweis „in Teilen" ist deshalb bemerkenswert, weil es jedenfalls seit der Umstellung auf die in Rheinland-Pfalz sog. kommunale Doppik weiterer lokaler Ausführungsbestimmungen bedarf[7]. Zur Vollständigkeit wird auf § 116 Abs. 2 GemO verwiesen. Demnach wird auch für das Kassenwesen der Erlass von Verwaltungsvorschriften ermöglicht. Dies ist beachtlich in Bezug auf die Neufassung der Verwaltungsvorschriften zur Durchführung der Gemeindehaushaltsverordnung (GemHVO-VV) vom 17. Januar 2017. Über diese werden z. B. zu § 25 GemHVO (Zahlungsanweisung, Zahlungsabwicklung) gewichtige Klarstellungen gegeben. Es wird nachträglich be-

---

4 Die in diesem Werk genannten *gültigen* Rechtsnormen von Rheinland-Pfalz lassen sich alle über http://www.justiz.rlp.de/Landesrecht/ abrufen.

5 Zuletzt geändert durch Artikel 4 des Gesetzes vom 26. November 2019 (GVBl. S. 333).

6 Die GemHVO wurde inhaltlich tiefergehend insbesondere zum 7. Dezember 2016 geändert. Vgl. zu etwaigen Wirkungen auf die Drei-Komponenten-Rechnung Klomfaß, KKZ 2020, 200 ff.

7 Eine gesonderte Kassenverordnung, wie bis zur Umstellung auf die kommunale Doppik (GemKVO) bzw. teils noch in anderen Bundesländern, existiert seitens des Landes bewusst nicht.

stätigt, worauf einzelne kassenversierte Vertreter stets und damit insbesondere schon zur Umstellung auf die kommunale Doppik letztmöglich zum Jahr 2009 hinweisen, dass nämlich Zahlstellen und Handvorschüsse grundsätzlich unverändert wie bereits zu kameralen Zeiten definiert werden. Darüber kommt also zum Ausdruck, dass trotz des historisch herausragenden Systemwechsels auf die kommunale Doppik das kommunale Kassenwesen im Kern unverändert Bestand hat, zuvorderst zwecks Gewährleistung der Kassensicherheit. Gerade durch die Klarstellungen in der neu gefassten Verwaltungsvorschrift werden verschiedene Ausführungen der ersten Auflage dieses Werks als inhaltlich richtig bestärkt.

Bezüglich der Prüfung kommunaler Kassen finden die §§ 110 ff. GemO Anwendung. Schon hier sei auf die Begriffe des Rechnungsprüfungsausschusses (siehe § 110 Abs. 1 Satz 1 GemO) und des Rechnungsprüfungsamtes bei kreisfreien und großen kreisangehörigen Städten (siehe § 111 GemO) hingewiesen. Die Rechnungsprüfer wurden dabei in der jüngeren Vergangenheit zu neuen Aufgaben verpflichtet, teils gesetzlich vorgegeben wie gewichtig zur Prüfung des Gesamtabschlusses[8], teils freiwillig nach § 112 Abs. 2 GemO lokal zugewiesen, wie z. B. zur Stellung des behördlichen Anti-Korruptionsbeauftragten oder zur Revision der Informationssicherheit.

Besonderheiten aus kassenrechtlicher Sicht gibt es bei **Verbandsgemeinden**, bei denen es sich um gesonderte Gemeindeverbände in Rheinland-Pfalz handelt, welche als eigenständige Gebietskörperschaften mehrere benachbarte (Orts-)Gemeinden umfassen und ihrerseits wiederum in Landkreise integriert sind. Die Besonderheiten ergeben sich aus § 68 GemO. Nach dessen Abs. 1 Satz 1 ist zunächst ersichtlich, dass die Verbandsgemeindeverwaltung die Verwaltungsgeschäfte der Ortsgemeinden führt. Nach § 68 Abs. 1 Satz 2 Nr. 2 GemO führt sie insbesondere das Rechnungswesen, erteilt Kassenanordnungen und nach Nr. 3 obliegen ihr die Vollstreckungsgeschäfte. § 68 Abs. 4 Satz 1 GemO hebt hervor, dass Ortsgemeinden keine eigene Kasse führen (dürfen), vielmehr bildet die Verbandsgemeindekasse mit denen der Ortsgemeinden eine

8 Ursprünglich war der erste Gesamtabschluss verpflichtend zum 31. Dezember 2015 aufzustellen, vgl. § 15 I KomDoppikLG. Spezifisch für Rheinland-Pfalz ist anzumerken, dass der Gesamtabschluss lediglich die kumulierten Werte aggregiert, jedoch nicht – wie teils in anderen Bundesländern – Anpassungsbuchungen aufgrund unterschiedlicher Buchführungssysteme zu den Einzelabschlüssen auslöst (wie denkbar z. B. bei unterschiedlichen Regelungen in Bezug auf die Rückstellungsbildungen).

einheitliche Kasse[9]. Daraus folgt, dass nur die Verbandsgemeinde Kredite zur Liquiditätssicherung („Kassenkredite“) aufnehmen darf, was § 68 Abs. 4 Satz 2 GemO klarstellt. § 68 Abs. 5 GemO zeigt sodann, dass die Verbandsgemeindeverwaltung auch die Verwaltungsgeschäfte gemeindlicher Betriebe, Einrichtungen, Stiftungen oder Zweckverbände wahrnimmt, sofern diese keine eigene Verwaltung aufweisen.

Exkurs zum Vergleich mit anderen Bundesländern: Gibt es in anderen Bundesländern wie z. B. Nordrhein-Westfalen nicht die Unterteilung Verbandsgemeinde – Ortsgemeinden, dann gibt es zur Kassenführung natürlich auch keine dem rheinland-pfälzischen § 68 GemO oder dem sachsen-anhaltinischen § 90 Abs. 2 Satz 1 KVG[10] vergleichbare Regelung. Zum Beispiel gibt es in Niedersachsen sog. Samtgemeinden. Sie stellen einen Gemeindeverband dar, der mehrere Mitgliedsgemeinden umfasst. Dann bedarf es auch einer kassenrechtlichen Regelung. Diese ist in § 98 Abs. 5 Satz 1 NKomVG[11] enthalten. Danach führt dort die Samtgemeinde auch die Kassengeschäfte für ihre Mitgliedsgemeinden. In Brandenburg, Mecklenburg-Vorpommern und Schleswig-Holstein gibt es hingegen sog. Ämter. Bei diesen Gemeindeverbänden handelt es sich – im Gegensatz zu Verbandsgemeinden – nicht um Gebiets- sondern Bundkörperschaften. Beispielsweise § 127 Abs. 2 Satz 1 der mecklenburg-vorpommerischen Kommunalverfassung[12] schreibt gleichwohl vor, dass die Kassengeschäfte für die Gemeinden von den ihnen zugeordneten Ämtern vorzunehmen sind.

Der Vollständigkeit halber ist bzgl. des Kassenwesens von Zweckverbänden § 7 Abs. 1 Satz 1 Nr. **KomZG**[13] zu nennen, welcher insbesondere auf §§ 78 bis 110 GemO und damit auf obige Grundlagen verweist.

---

9 Dies führt in der Folge z. B. auch zum Forderungs- bzw. Verbindlichkeitsausweis gegenüber der Verbandsgemeinde (Sachkonto Forderungen 17431 bzw. Verbindlichkeiten 37431), vgl. dazu ausführlich Klomfaß, KKZ 2017, 4 (6), oder zu verpflichtenden Zinsausgleichen auch der Ortsgemeinden untereinander, vgl. OVG RLP, Urteile vom 8. März 1994 – 7 A 11649/93.OVG – AS 24, 391 und vom 17. Juni 2003 – 11941/02.OVG – AS 30, 364.

10 Kommunalverfassungsgesetz des Landes Sachsen-Anhalt (KVG) vom 17. Juni 2014, zuletzt geändert durch Gesetz vom 19. März 2021 (GVBl. S. 100).

11 Niedersächsisches Kommunalverfassungsgesetz (NKomVG) vom 17. Dezember 2010, zuletzt geändert durch Art. 2 des Gesetzes vom 17. Februar 2021 (GVBl. S. 64).

12 Kommunalverfassung für das Land Mecklenburg-Vorpommern (KV M-V) vom 13. Juli 2011, zuletzt geändert durch Art. 1 des Gesetzes vom 23. Juli 2019 (GVOBl. MV S. 467).

13 Landesgesetz über die kommunale Zusammenarbeit (KomZG) vom 22. Dezember 1982, zuletzt geändert durch Art. 14 des Gesetzes vom 2. März 2017 (GVBl. S. 21).

Beispiel Zweckverband Kronenburger See (Eifel):

Mehrere Körperschaften bilden einen Zweckverband zwecks Tourismusförderung (Naherholungsgebiete, Ferienparks) und Hochwasserschutz (Talsperrenverwaltung), hier sogar länderübergreifend zwischen Rheinland-Pfalz und Nordrhein-Westfalen. Träger des Zweckverbandes sind: Gemeinde Dahlem (NRW), Verbandsgemeinde Obere Kyll bzw. jetzt Gerolstein (RLP), Kreis Euskirchen (NRW), Kreis Daun (RLP)[14]. Dieser Zweckverband hat selbstverständlich einen eigenen Haushaltsplan, welcher sowohl die Unterhaltungsaufwendungen (insbesondere Grünanlagenpflege, Winterdienst etc.) sowie Investitionen (z. B. Neugestaltung Badestrand etc.) ausweist. Da pro Jahr aber nur wenige Buchungsfälle vorkommen, benötigt der Zweckverband (insbesondere aus ökonomischen Gründen) keine eigene Verwaltung, also auch keine eigene Kasse. Die „Geschäftsführung" erfolgt über die Gemeinde Dahlem.

Für Landkreise gelten die obigen Ausführungen entsprechend. Auch ihnen obliegen als Gebietskörperschaften und eigenständigen juristischen Personen Kassengeschäfte. **§ 57 der Landkreisordnung** verweist insofern auf die Regelungen der GemO und dazu ergangenen weitergehenden Vorschriften.

Erwähnenswert in diesem Zusammenhang ist, dass die Landkreise zwar wie die Gemeinden gem. § 59 Abs. 1 LKO ein Rechnungsprüfungsamt einzurichten haben, hinzu kommt jedoch ein Gemeindeprüfungsamt (vgl. § 110 Abs. 5 Satz 3 GemO). Dieses führt im staatlichen Auftrag überörtliche Prüfungen durch und unterliegt fachlich den Weisungen des Rechnungshofs in Speyer. Neben der Staatsaufsicht nach §§ 117 ff. GemO und dem nach § 6 Abs. 1 Nr. 1 AGVwGO zu führendem Kreisrechtsausschuss bzgl. einer gerichtlichen Vorprüfung über Widerspruchsfälle lernen wir hier folglich eine dritte Schnittstelle kennen, welche das Zusammenspiel zwischen Orts- bzw. Verbandsgemeinde und Landkreisen steuert.

14 Vgl. https://dahlem.de/kronenburgersee (zuletzt abgerufen am 9. Juli 2021).

Soweit zu den wichtigsten spezifischen Rechtsgrundlagen des Kassenrechts. Nicht zu unterschlagen ist jedoch, dass darüber hinaus zahlreiche weitere Vorschriften regelmäßig auch in den Bereich des Kassenwesens wirken, z. B.

- allgemeine Rechtsnormen zum Verfahrensrecht, insbesondere nach dem (Landes-)Verwaltungsverfahrensgesetz, nach der Abgabenordnung usw.,
- spezielles Abgabenrecht, z. B. nach dem Kommunalabgabengesetz, dem Gewerbesteuer- und Grundsteuergesetz usw., z. B. zur Bestimmung der für Mahnung und Buchführung so wesentlichen Fälligkeitstermine,
- Regelungen des BGB, z. B. zu Willenserklärungen, Fristberechnungen, Verjährungsfragen usw.,
- haushaltsrechtliche Vorgaben, resultierend aus der GemO über die GemHVO nebst Verwaltungsvorschriften,
- das (Landes-)Verwaltungsvollstreckungsgesetz nebst Kostenordnungen (z. B. LVwVGKostO),
- Besonderheit in Rheinland-Pfalz: Landesverordnung über die Vollstreckung privatrechtlicher Forderungen nach dem LVwVGpFVO, anach dürfen sogar bestimmte privatrechtliche Forderungen durch die Kommune vollstreckt werden[15],
- in Teilen das HGB, gerade in Bezug auf Buchführungsregeln.

Schon allein an der Anzahl und Vielschichtigkeit dieser Rechtsgrundlagen wird erkennbar: Verantwortungsvolle Bedienstete kommunaler Kassen bedürfen einer guten Ausbildung und müssen breite Rechtskenntnisse vorweisen, gepaart mit betriebswirtschaftlichem Grundlagenwissen. Ein klarer Vorteil einer Tätigkeit bei einer Gemeindekasse, denn: Während eine Stelle z. B. bei einer gemeindlichen Steuerverwaltung häufig nur ein eingeschränktes Aufgabengebiet umfasst (manchmal in der Praxis sogar noch auf einzelne Fallzahlen begrenzt, z. B. Bearbeitung der Gewerbesteuer für den Buchstabenbereich A-L), muss ein Kassenbediensteter die Grundlagen, z. B. von der öffentlich-rechtlichen wie privatrechtlichen Forderungsentstehung, deren unter anderem haushaltsrechtliche Verbuchung, über rechtliche Hemmnisse wie Verjährung bis zur zwangsweisen Verfolgung im Vollstreckungswege, beherrschen. In vorgesetzter Stellung kommen dann z. B. noch Widerspruchs- und Pro-

15 Vgl. dazu umfassend Klomfaß: Zur Verwaltungsvollstreckung zugelassene Forderungen – Der Rechtspfleger im Abseits, in: NJOZ 2016, 121 ff.

zessfragen, die Entscheidung über die Aufnahme von Liquiditätskrediten wie auch die Mitwirkung bei kassen- wie bilanzrechtlichen Abschlüssen hinzu – nebst entsprechender Verantwortung. Die Anforderungen des Kassenwesens sind folglich nicht zu unterschätzen. Diese wollen wir nun weitergehend beleuchten.

1.2 Grundsatz der Einheitskasse

§ 106 Abs. 1 GemO gibt eindeutig vor, dass einzig die Gemeindekasse für die Erledigung von Kassengeschäften zuständig ist – hier ist der Grundsatz der Einheitskasse normiert. Verstehen lässt sich dies unter Bezugnahme auf das Haushaltsrecht. Dort wird eine einheitliche Haushaltswirtschaft gefordert, die gerade durch den **Grundsatz der Vollständigkeit** (vgl. § 96 Abs. 3 GemO) zum Ausdruck gebracht wird.

Auf diesen antwortet im Kassenwesen der Grundsatz der Einheitskasse, wonach eine einheitliche und natürlich ebenfalls vollständige sowie zentrale Bewirtschaftung gemeindlicher Geldmittel angeordnet wird. Das heißt vom Grundsatz her: Lediglich eine gemeindliche Organisationseinheit soll sich mit Fragen der Kassengeschäfte auseinandersetzen. Nur so lässt sich eine effiziente **Liquiditätsplanung** realisieren (vgl. § 93 Abs. 5 Satz 1 GemO). Nur so wird dem Grundsatz der Wirtschaftlichkeit (vgl. § 93 Abs. 3 GemO) genügt. Dies dürfte leicht verständlich sein: Werden aufgrund der Zentralisation größere Geldbeträge verwaltet, als dies möglich wäre, wenn jede Abteilung der Gemeindeverwaltung selbst die dortigen Gelder bewirtschaftete, lassen sich z. B. Zinseffekte wesentlich besser nutzen. Moderne Begriffe wie „Risk-Management" oder Nutzung von Zinssicherungsinstrumenten usw. seien in diesem Zusammenhang lediglich zur Veranschaulichung angedeutet. Dies gilt anteilig auch bei historisch niedrigen (EZB-)Zinssätzen. Zwar mag für manchen Praktiker die Aufnahme von Liquiditätskrediten verlockend sein, weil dazu ggf. gar (Negativ-)Zinsen gutgeschrieben werden[16]. Müssen umgekehrt aber für hohe Bestände bspw. auf Eigenbetriebsbankkonten „Strafzinsen" gezahlt werden, kann sich dies wirtschaftlich als Fehlschluss erweisen – abgesehen davon, dass eine solche Praxis gegen § 105 Abs. 2 Satz 1 Halbsatz 2 GemO verstößt. Ferner ist der Einnahmebeschaffungsgrundsatz mit seiner verpflichtenden Reihenfolge beachtlich (vgl. § 94

16 Dies wird allerdings nur zu planmäßigen Kreditaufnahmen auf Basis bei Banken eingeholter Angebote der Fall sein. Sollte es versehentlich einmal kurzfristig zur Überziehung des vereinbarten Kreditrahmens kommen, werden auch zu Körperschaften saftige Sollzinsen von z. B. 7% pro Jahr fällig, je nach akzeptierten Bankbedingungen.

Abs. 2 GemO). Etwaige Zinsvorteile stellen einen von wohlgemerkt mehreren positiven Effekten bei der Bündelung der Kassengeschäfte grundsätzlich an nur einer Stelle dar, insbesondere lediglich dort vorzuhaltenden professionellen Kassenpersonals nebst spezieller EDV und Sicherungsinstrumenten.

Als weiterer Vorteil des Grundsatzes der Einheitskasse erweist sich die dadurch folgende **zentrale Belegführung**. Diese ermöglicht neben einer Bündelung von Archivierungs- und Zugriffsfragen zusätzlich einfachere Prüfungen durch das Rechnungsprüfungsamt oder den Landesrechnungshof. Auch wird so eine bessere Vergleichbarkeit von Kassendaten gewährleistet, z. B. für Kommunalstatistiken seitens des statistischen Landesamts.

Erwähnt sei § 107 Abs. 1 GemO, nach dem Kassengeschäfte insbesondere zwecks Automation auch an Stellen außerhalb der Gemeindeverwaltung übertragen werden dürfen. Es handelt sich aber nicht um eine Ausnahme vom Grundsatz der Einheitskasse. Vielmehr werden zwecks Wahrung des Grundsatzes der Wirtschaftlichkeit, auf welchen im gesamten Kassenwesen immer wieder Bezug zu nehmen ist, der Gemeinde Möglichkeiten z. B. zur Einschaltung von Rechenzentren zum ausgelagerten Mahnungsdruck und -versand o. Ä. eröffnet, aber auch weit darüber hinaus:

Beispiele zu § 107 Abs. 1 GemO[17]:

1. Die kommunale Kasse möchte die regelmäßigen Mahnläufe wirtschaftlicher gestalten. Sie schreibt den Druck, die Kuvertierung sowie den Versand von Mahnungen öffentlich aus und vergibt nachfolgend diese automatisierbaren[18] Teilaufgaben zum Kassengeschäft des Mahnwesens (vgl. § 25 Abs. 2 Satz 1 Nr. 4 Variante 1 GemHVO) an ein externes privates Druck- und Kopierzentrum.
2. Der kommunale Eigenbetrieb zur Abfallentsorgung, welcher bislang aufgrund gelebter Praxis für seine Gebühren- bzw. Beitragsforderungen selbst Mahnläufe durchführte, erkennt die Vorteile der vorstehenden Ausschreibung und beteiligt sich entsprechend. Klarstellende Anmerkungen: Nach § 80 Abs. 1 Nr. 3 GemO stellt der rechtlich unselbständige Eigenbetrieb ein gemeindliches Sonder-

17 Vgl. zu Möglichkeiten der Zusammenarbeit, insbesondere zur verstärkten Nutzung von Verrechnungsmöglichkeiten, ausführlich Klomfaß, VR 2017, 189 ff.; ders., KKZ 2017, 4 ff. (Teil I) bzw. 30 ff. (Teil II).

18 Hinzuweisen ist auf die Programmabnahmepflicht nach § 107 Abs. 2 GemO bei Automatisierung der Kassengeschäfte oder des Rechnungswesens.

vermögen dar, für welches eine Sonderkasse nach § 12 Abs. 1 EigAnVO und § 82 Satz 1 GemO geführt werden muss. Sätze 2 und 3 des § 82 GemO zeigen, dass Sonderkassen mit der eigentlichen Gemeindekasse verbunden sein sollen und die Möglichkeiten der vorgenannten Automation nach § 107 GemO anwendbar bleiben. Dadurch wird allgemein deutlich: Eine Automatisierung über externe Stellen bildet als solche keine Ausnahme vom Grundsatz der Einheitskasse.

3. Der kommunale Wirtschaftsbetrieb (AöR) möchte nun ebenfalls von den Vorteilen dieser Ausschreibung profitieren. Anstalten des öffentlichen Rechts sind jedoch eigenständige juristische Personen. Sie führen daher eine eigenständige Rechnung und zwar nach den Regeln der kaufmännischen doppelten Buchführung (§ 34 EigAnVO) mit eigener Kassenführung (§ 30 EigAnVO). Das heißt, das hier beschriebene kommunale Kassenrecht (und damit konkret § 107 Abs. 1 GemO) findet für solche Betriebe grundsätzlich keine Anwendung. Dies bedeutet im Umkehrschluss aber nicht, dass eine Zusammenarbeit ausgeschlossen ist. Vielmehr bieten sich dazu öffentlich-rechtliche Verträge zwischen den Rechtsträgern Kommune und AöR zur konkreten Ausgestaltung an.

4. Nunmehr wird aufgrund des nochmals ausgeweiteten Auftrags stärker als zuvor auch den anderen Gemeinden im Landkreis sowie diesem selbst bewusst, dass ja alle Kommunen mit der gleichen Thematik konfrontiert sind. Deshalb wird eine Zweckverbandskasse nach den Regelungen des KomZG gegründet. An dieses übertragen in öffentlich-rechtlicher Form alle Kommunen des Landkreises sowie dieser selbst die eigenen Kassengeschäfte zur gemeinsamen Aufgabenerfüllung. Bei dieser ausschließlich auf kommunale Kassengeschäfte fokussierten Zweckverbandskasse sollen nicht nur wirtschaftliche (Mengen-)Vorteile ausgenutzt werden sondern vielmehr eine weitergehend qualitative Professionalisierung des dort eingesetzten Kassenpersonals herbeigeführt werden, was dem im Laufe der Jahre angewachsenen Verantwortungsgrad gerecht werden soll (zu denken sei an Immobiliarvollstreckungen, Insolvenzverfahren, Abnahme der Vermögensauskunft etc.) und lediglich anteilig bei den Kassenbediensteten der einzelnen Kommunen nicht realisierbar ist. Gerade dieses letzte Beispiel zeigt: Es können die

gesamten Kassengeschäfte (insbesondere auch die hoheitlichen wie zum Vollstreckungswesen) öffentlich-rechtlich übertragen werden[19].

Hinweis: Eine nur teilweise Übertragung der eigenständigen Wahrnehmung von Kassengeschäften in privatrechtlicher Rechtsform (insbesondere an Inkassobüros) ist unzulässig[20].

Es muss noch näher betrachtet werden, dass sich aus dem Grundsatz der Einheitskasse nicht zwingend eine räumliche Zusammenfassung aller Kassengeschäfte ableitet.

Fazit:

- Das Bindeglied zwischen Ausführung des Haushaltsplans und der Rechnungslegung ist die Gemeindekasse.
- Alle Kassengeschäfte werden von der Einheitskasse erledigt, soweit nicht **Sonderkassen nach § 106 Abs. 1 Halbsatz 2 und § 82 GemO** zuständig sind.

Beispiel zum Grundsatz der Einheitskasse

Sachverhalt:

Bei der Stadt S ist grundsätzlich die Stadtkasse für die Buchführung sowie die Beitreibung von Forderungen zuständig. Die Rechtsabteilung der S ist hingegen u. a. zuständig für die Geltendmachung von Schadensersatzansprüchen, z. B. aufgrund unfallbedingter Beschädigungen an Grünanlagen etc., häufig gegenüber Versicherungen. Dabei wickelt die Rechtsabteilung die Zahlungsvorgänge unmittelbar mit

19 Vgl. dazu Liese, in: Schumacher (Hg.), Kommunalverfassungsrecht des Landes Brandenburg, Erl. 1 zu § 81 BbgKVerf; bestätigend Drysch, in: Dirnberger/Henneke u. a. (Hg.), Praxis der Kommunalverwaltung Rheinland-Pfalz, GemO, § 107, Ziffer 1.1.1. In der Folge ist bei den einzelnen Kommunen nicht länger ein Kassenverwalter gem. § 106 Abs. 2 GemO zu bestimmen und das nachgelagerte Kassenpersonal wäre entsprechend an die Zweckverbandskasse zur dortig weitergehenden Professionalisierung auszulagern (mit etwaigen Höhergruppierungsfolgen, bei sinnvoller Ausgestaltung).

20 Vgl. dazu ausführlich die Untersuchung von Ziekow für den Fachverband der Kommunalkassenverwalter e. V.: Wissenschaftliches Gutachten betreffend die Bewertung der Einbeziehung von privaten Inkassounternehmen als Verwaltungshelfer in der Vollstreckung öffentlich-rechtlicher Geldforderungen der Kommune vom 2. Januar 2019 (erhältlich direkt beim Fachverband; darin auch gute Ausführungen zu datenschutzrechtlichen Verboten). Ebenso Schwarting, Der kommunale Haushalt, Rn. 670 oder Drysch, in: Dirnberger/Henneke u. a. (Hg.), Praxis der Kommunalverwaltung Rheinland-Pfalz, GemO, § 107, Ziffer 1.1.1.

den Versicherungen ab, die zugehörigen Buchungen selbst jedoch über die Stadtkasse. Auch werden nur bei der Stadtkasse die Girokonten der Stadt geführt, auf welche die Überweisungen der Versicherungen eingehen. Auf Leitungsebene wird überlegt, ob für die Rechtsabteilung nicht ein eigenes Girokonto eingerichtet werden könne und dadurch die „mühsamen" Buchungen über die Stadtkasse entfielen. Wäre dieses Vorhaben, betrachtet einzig nach dem Grundsatz der Einheitskasse, zulässig?

Lösungsvorschlag:

Der angesprochene Grundsatz der Einheitskasse ergibt sich aus § 106 Abs. 1 GemO. Er besagt, dass grundsätzlich einzig die Gemeindekasse zur Erledigung von Kassengeschäften befugt ist. Vorstehend lässt sich § 25 Abs. 2 Nr. 1 GemHVO entnehmen, dass jedenfalls die Annahme von Einzahlungen zur Zahlungsabwicklung gehört, welche ihrerseits eindeutig ein Kassengeschäft darstellt. Nach dem gemäß Fragestellung hier einzig anzuwendenden Grundsatz der Einheitskasse ist nur die Gemeindekasse berechtigt, Einzahlungen anzunehmen und folglich Girokonten zu führen. Der Rechtsabteilung ist dies verwehrt. Dafür spricht auch der Grundsatz der Wirtschaftlichkeit (vgl. § 93 Abs. 3 GemO). So wäre die Führung mehrerer Girokonten womöglich unwirtschaftlich.

Außerdem bietet eine zentrale Beitreibung durch die Gemeindekasse weitere Vorteile. Wäre der Rechtsabteilung nur die Beachtung einzelner Forderungen aus dem eigenen Zuständigkeitsbereich möglich, werden bei der Gemeindekasse hingegen alle Forderungen des Schuldners ersichtlich, welche evtl. gleich einheitlich abgewickelt werden können (bei der etwaig später notwendig werdenden Vollstreckung wäre dies jedenfalls in Bezug auf die Aufgabe zur Vermögensauskunft sogar geboten). Durch die bei der Gemeindekasse angesiedelten Vollstreckung könnten dort überdies die allgemeinen Vermögensverhältnisse des Schuldners inkl. dessen Zahlungsfähigkeit bekannt sein, was ebenfalls eine bessere Forderungsrealisierung möglich erscheinen lässt. Letztlich sprechen noch zu erläuternde Sicherheitsaspekte wie das sog. Vier-Augen-Prinzip oder die Trennung von Anordnung und Buchung (Trennungsgrundsatz, vgl. § 106 Abs. 3 Satz 2 GemO) ebenfalls gegen die Einrichtung eines Girokontos für die Rechtsabteilung. Hinzu treten können technische Vorteile, denn oft ist bei der kommunalen Kasse auf den einzelnen Schuldner gemünzte Spezialsoftware zur Forderungsrealisierung im Einsatz (insbesondere in Rede der Vollstreckungssoftware, dann meist mit zusätzlichen

Schnittstellenanbindungsmöglichkeiten[21]). Nach dem Grundsatz der Einheitskasse ist dieses Vorhaben folglich unzulässig und abzulehnen.

1.3 Sonderstellung des Kassenverwalters

Überträgt die Gemeinde die Wahrnehmung der Kassengeschäfte nicht an eine andere Stelle, hat sie nach § 106 Abs. 2 GemO einen Kassenverwalter sowie Stellvertreter zu bestellen. Neben der evtl. Berufung eines Leiters des Rechnungsprüfungsamtes (siehe § 111 Abs. 3 bis 6 GemO) finden wir hier also eine zweite Spezialregelung, nach der eine bestimmte Stelle – hier die des Kassenverwalters – eingerichtet werden muss. Dies ist an sich schon etwas ungewöhnlich. So findet sich z. B. nirgends eine Vorschrift, dass es einen Abteilungsleiter für die Bauverwaltung o. Ä. geben muss. Bereits dadurch wird die besondere Bedeutung der Kassenverwaltung hervorgehoben. Weiter wird im Zusammenhang mit § 106 Abs. 1 GemO erkennbar, dass dem Kassenverwalter **kraft Gesetzes** die Wahrnehmung der Kassengeschäfte obliegt. Zwar stellt mithin die Gemeindekasse zunächst und von außen betrachtet eine Abteilung wie jede andere dar, deren Vorgesetzter der Kassenverwalter ist. Aber z. B. die Abwicklung von Zahlungen obliegt dem Kassenverwalter kraft Gesetzes, er ist insoweit nicht weisungsgebunden oder gar im Auftrag des Bürgermeisters unterwegs (woran § 47 Abs. 1 GemO denken lassen könnte).

Insofern ist die für Kassengeschäfte kraft Gesetzes einzurichtende Gemeindekasse zwar in die gewöhnliche Behördenhierarchie integriert, sie nimmt gleichwohl eine Sonderstellung ein. Außerhalb kassenrechtlicher Fragen, die insbesondere die Verwaltung als Ganzes betreffen, ist aber auch der Kassenverwalter und das ihm nachgeordnete Personal dem Bürgermeister bzw. Landrat unterstellt und insofern weisungsgebunden. Geht es z. B. um die Frage, welches Briefpapier verwaltungsweit zu nutzen ist, darf der Kassenverwalter nicht unter Berufung auf seine Sonderstellung einen grundsätzlich anderen Briefkopf bei der Gemeindekasse einführen, da es sich nicht um eine Entscheidung zu einem Kassengeschäft handelt. Dem besseren Verständnis soll folgende Grafik dienen:

21 Z. B. denkbar auch zu externen Stellen wie den Mahn- oder Vollstreckungsgerichten.

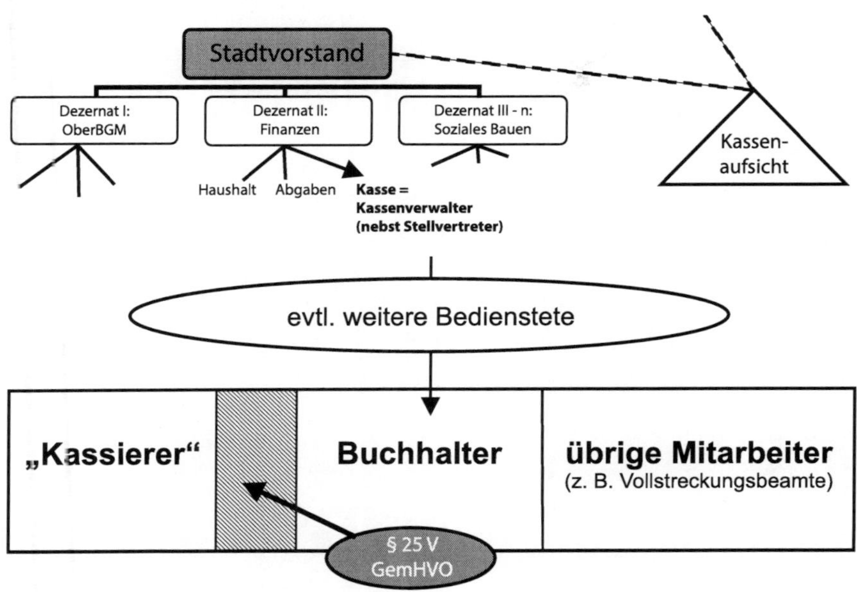

Abbildung 1: Personal der Gemeindekasse

Merkmale des Kassenverwalters:

- Er ist Leiter der Gemeindekasse und Vorgesetzter deren Mitarbeiter.
- Der Kassenverwalter muss grundsätzlich bestellt werden (vgl. § 106 Abs. 2 GemO),
  - nur er ist für die Führung der Kassengeschäfte zuständig;
  - zwar untersteht er dem allgemeinen Weisungsrecht des Bürgermeisters, aber:
  - bzgl. der Kassengeschäfte vertritt er die Gemeinde selbständig nach außen, er besitzt insofern Organfunktion[22];
  - also: nur die Handlungen des Kassenverwalters in Bezug auf die Kassengeschäfte werden unmittelbar der Gemeinde zugerechnet, nicht diejenigen von anderen Organisationseinheiten der Gemeindeverwaltung oder z. B. von Dienstvorgesetzten des Kassenverwalters;

22 Vgl. Scheibelhuber, KKZ 1983, 2 (3). Vgl. entsprechend zur Abgrenzung des Behördenbegriffs insbesondere Klomfaß, KKZ 2012, 154 ff.

  - weil der Kassenverwalter Inhaber einer Verwaltungsstelle ist, die ihre Aufgaben unmittelbar aus dem Gesetz ableitet, wird er nicht „im Auftrag" des Bürgermeisters tätig[23];
  - ihm dürfen die gesetzlich definierten Aufgaben nicht entzogen oder geschmälert werden.

– Er muss hauptberuflich tätig sein (§ 106 Abs. 3 Satz 1 GemO).

– Seine Bestellung erfolgt durch den Bürgermeister bzw. Landrat, regelmäßig nach Zustimmung des Gemeinderats bzw. Kreistags (vgl. § 47 Abs. 2, § 32 Abs. 1 GemO, ggf. anwendbar über § 57 LKO).

– Nach § 106 Abs. 4 GemO dürfen Kassenverwalter (sowie deren Stellvertreter) nicht verheiratet, verwandt oder (bis zum dritten Grade) verschwägert sein[24] mit
  - dem Bürgermeister,
  - dem für das Finanzwesen zuständigen Beamten (Kämmerer),
  - dem Leiter des Rechnungsprüfungsamts.

– Es gilt das Verbot für die Erteilung von Kassenanordnungen (§ 106 Abs. 5 GemO).

Aufgaben des Kassenverwalters:

– Verteilung der Aufgaben an die nachgeordneten Bediensteten.

– Er ist zuständig für die ordnungsgemäße räumliche, sachliche und personelle Ausstattung der Gemeindekasse, insbesondere:
  - Überwachung der ordnungsgemäßen Übergabe der Geschäfte bei Personalwechsel.
  - Er hat eine Meldepflicht gegenüber dem Bürgermeister, wenn keine ordnungsgemäße (personelle) Ausstattung der Gemeindekasse mehr gewährleistet ist.

– Er nimmt die allgemeinen Tätigkeiten, die sich aus der Stellung als Leiter einer Abteilung ergeben, wahr.

– Er leistet die Unterschriften, gerade bei Buchungsabschlüssen, bei Stundungen etc. jedenfalls bezüglich der Nebenforderungen, ggf. betragsabhängig.

---

23 Vgl. bereits zur früheren Rechtslage Gast/Schott, in: Praxis der Kommunalverwaltung, Kommentar zur GemKVO, Erl. 3.1 zu § 5 GemKVO, S. 15.

24 Gute Erklärungen zur Überprüfung von Verwandtschafts-/Schwägerschaftsverhältnissen nach den §§ 1589, 1590 Abs. 1 BGB, die neben dem Familien- und Erbrecht z. B. auch zur Ermittlung von Ausschließungsgründen nach § 22 GemO bedeutsam sind, finden sich im Kommunalbrevier (Onlineausgabe), abrufbar unter http://www.kommunalbrevier.de (Schlagwort „Familiäre Beziehungen"); zuletzt abgerufen am 30. April 2021.

Exkurs zu anfänglichen Unklarheiten im Zuge der seinerzeitigen Einführung der kommunalen Doppik: Nicht verschwiegen werden sollen bereits an dieser Stelle die anfänglichen Schwierigkeiten, die sich nach Einführung der sog. **kommunalen Doppik**[25] in Rheinland-Pfalz schon anhand der Begriffe für das Kassenwesen einstellten. Ohne den an späterer Stelle ausführlichen Erläuterungen des Buchführungssystems vorzugreifen: In Rheinland-Pfalz ist spätestens seit 2009[26] ein speziell für Kommunen entwickeltes System doppelter Buchführung in Verbindung mit einer Finanzrechnung anzuwenden (Drei-Komponenten-System).

Zu einer Grundlage gemacht wurde dabei eine gewisse Adaption des kaufmännischen Rechnungswesens. Weil dieses jedoch maßgeblich zur Darstellung insbesondere des anvisierten Gewinns eingerichtet ist, den eine Kommune grundsätzlich jedoch gar nicht anstreben darf, wurden zahlreiche Anpassungen vorgenommen, die wohl allgemein unter dem Begriff der **Verwaltungsdoppik** zusammenfasst werden können. Dabei bleiben die Vorteile der auf die tatsächlichen Zahlungsströme fokussierter Kameralistik in der Finanzrechnung als verpflichtende dritte Komponente weiterhin bestehen, an denen es im kaufmännischen Rechnungswesen mangelt. Weil gerade die Finanzrechnung der steten Sicherstellung der Liquidität der Kommune dient (vgl. § 105 GemO[27]), wird zwischenzeitlich die Finanzrechnung gar als die entscheidende der drei Komponenten angesehen[28].

Aufgrund des Föderalismus[29] können den einzelnen Bundesländern keine zwingenden Vorgaben gemacht werden, wie sie ihr eigenes Landesrecht ausgestalten. Daraus erklärt sich, dass die einzelnen Bundes-

---

25 Siehe weiterführend KomDoppikLG vom 2. März 2006.

26 Vgl. § 1 Abs. 2 KomDoppikLG.

27 Zur praktischen Relevanz vgl. die Beinahe-Zahlungsunfähigkeit von Rüsselsheim, dazu Groth, Rüsselsheim droht Zahlungsunfähigkeit, in: Mainzer Allgemeine Zeitung vom 15. Dezember 1017, S. 1.

28 Zumal gerade sie maßgebliche Grundlagen zur Ermittlung der Istkosten liefert – einer wiederum wesentlichen Grundlage der Kosten- und Leistungsrechnung (welche teils als vierte Komponente angesehen wird, vgl. zu dieser § 12 GemHVO). Jedenfalls einzelne Vertreter erachten die effektiven Zahlungsströme letztlich als die entscheidende Größe, insbesondere hinsichtlich der über Zinsen dokumentierten Schaffung von Mehrwerten, vgl. dazu anschaulich Heinsohn/Steiger, Eigentum, Zins und Geld – Ungelöste Rätsel der Wirtschaftswissenschaft, 6. Auflage 2009.

29 Die föderalistische Struktur in Nachkriegsdeutschland war geboten und sinnvoll. Fraglich ist, ob diese verfassungsrechtlichen Strukturen unter der Europäischen Union so noch sinnvoll sind. Vgl. insoweit zum überholten Föderalismus deutscher Prägung und Lösungsmöglichkeiten im verfassungsrechtlichen Rahmen Klomfaß, DVP 2010, 467. ff. Eine Neujustierung zwischen der regionalen bzw. lokalen Selbstverwaltungsebene einerseits (Art. 4 Abs. 2 EUV; bei uns den Kommunen) und der EU als Metaebene zum einheitlichen Binnenmarkt andererseits scheint angebracht, vor allem um aufkeimender Politikverdrossenheit entgegenzuwirken.

länder für ihren Hoheitsbereich unterschiedliche Teilsysteme der Verwaltungsdoppik kreierten, was sich schon an den unterschiedlichen Namensgebungen ablesen lässt. So sprechen wir beispielsweise in Rheinland-Pfalz von kommunaler Doppik, in Nordrhein-Westfalen vom sog. Neuen Kommunalen Finanzmanagement (NKF), in Hessen vom Neuen Kommunalen Rechnungs- und Steuerungssystem (NKRS), in Niedersachsen vom Neuen kommunalen Rechnungswesen (NKR)[30]. Auch wenn eine vereinheitlichte Verwaltungsdoppik angestrebt wird, weichen leider nicht nur die verwendeten Begriffe voneinander ab. Gerade im Kassenwesen zeigt sich an der einen oder anderen Stelle, dass auch inhaltlich Differenzen zwischen den Bundesländern bestehen. Beispielsweise stellt die Finanzrechnung in Rheinland-Pfalz eine bewusst von den beiden übrigen Komponenten (Bilanz, Ergebnisrechnung) losgelöste eigenständige Rechnung dar, wohingegen die Finanzkonten in Baden-Württemberg insbesondere aus den Bilanzkonten abgeleitet sind[31]. Dies fällt auch bei der Sonderstellung des Kassenverwalters auf. In Rheinland-Pfalz wurde diese (starke) Stelle bewusst trotz Umstellung auf die kommunale Doppik beibehalten, in Nordrhein-Westfalen hingegen abgeschafft.

Im Kassenrecht inhärent angelegte Sicherungsmechanismen:

Nach der von Albert Einstein formulierten Feststellung, dass das Geld nur den Eigennutz anziehe und stets unwiderstehlich zum Missbrauch verführe, bedarf es gerade in einem demokratischen Staate entsprechender Vorsorge. Daher liegt schon seit jeher das besondere Augenmerk darauf, Manipulationen entgegenwirkende Sicherungsmechanismen gerade bei Buchführung und Zahlungsverkehr zu implementieren. So erklärt sich z. B. das **Vier-Augen-Prinzip** wie das auch schon in der Kameralistik vorgehaltene **mehrstufige Buchungssystem**. Ausgehend von dem **Trennungsgrundsatz**, wonach die Haushaltsausführung und die Erledigung

30 Vgl. Fachverband der Kommunalkassenverwalter (Hg.), Handbuch für das Kassen- und Rechnungswesen, Kapitel 31.3, S. 8 f.

31 Wodurch sich in Rheinland-Pfalz systembedingt Abgrenzungsposten gerade zum Jahreswechsel einstellen, die sich in anderen Bundesländern bei integrierter Finanzrechnung so nicht ergeben. Ganz praktische Folgewirkungen hat dies, wenn eine Finanzsoftware beispielsweise aus Baden-Württemberg auch in Rheinland-Pfalz eingesetzt werden soll. Entweder sieht diese landesrechtliche Anpassungen vor (die vorstehend vergleichsweise tiefe Strukturen betrifft), oder es kommt zu Buchungen, die vom anwendbaren Landesrecht abweichen und Beanstandungen der Rechnungsprüfung nach sich ziehen. Zum Dokumentationsziel der Abbildung des vollständigen Zahlungsstroms vgl. Mühlenkamp/Glöckner, Rechtsvergleich Doppik, Kapitel 4: Finanzhaushalt und Finanzrechnung, S. 4-56. In diesem Werk werden ferner andere Handhabungsweisen in den übrigen Bundesländern dargestellt.

von Kassengeschäften nicht zusammengefasst sein dürfen[32], ist ein allgemeines Haushaltssoll und ein darauf für den einzelnen Zahlungsvorgang bezogenes konkretes Anordnungssoll zu buchen, dem die Ausführungsbuchung (sog. Kassenist) gegenüber steht. Aus diesem Sicherheitsaspekt erklärt sich die besondere Stellung der Gemeindekasse und deren gesetzliche Verankerung.

In der modernen rheinland-pfälzischen GemHVO findet man allerdings weder zum Begriff der Gemeindekasse noch zum Kassenverwalter Ausführungen[33]. Und dies, obwohl die GemHVO die Regelungen der GemO auch zu Aufgaben und Organisation der Gemeindekasse ausgestalten soll (siehe erneut § 116 Abs. Nr. 10 GemO). Zum Beispiel in § 25 Abs. 4 Satz 1 GemHVO liest man einzig „von den an der Zahlungsabwicklung beteiligten Stellen". Ob der rheinland-pfälzische Verordnungsgeber damit den Kommunen größtmögliche Freiheit bei der konkreten Ausgestaltung gewähren wollte oder aber evtl. kassenrechtliche Vorgaben als vernachlässigbar erachtete, kann nur gemutmaßt werden[34]. Fest steht jedenfalls, dass das zugrunde liegende Gesetz, hier explizit in § 106 GemO, sowohl eine Organisationseinheit Gemeindekasse wie auch einen Kassenverwalter als deren Leiter vorsieht. Schon alleine aus der Normhierarchie ergibt sich unverändert bewusst eine Sonderstellung für den Kassenverwalter wie die Gemeindekasse. Dies wird ferner durch die unverändert gültigen Sicherheitsüberlegungen zum mehrstufigen Buchungssystem, die auch unter dem Regime der kommunalen Doppik grundsätzlich gelten[35], bestätigt.

Die in Rheinland-Pfalz anfänglich aufgekommenen begrifflichen Verwirrungen mögen aus dem Versuch einer weitgehenden Anlehnung an das Bundesland Nordrhein-Westfalen herrühren. Denn auch dort wurde die frühere GemKVO, welche Detailregelungen ausschließlich zum Kassenwesen enthielt, abgeschafft, während die nunmehr alleine anzuwendende GemHVO nur noch von der „Zahlungsabwicklung" spricht (vgl. § 31 GemHVO NRW). Aber auch in Nordrhein-Westfalen setzte sich die Ansicht durch, dass auf eine Gemeindekasse zwecks Wahrung des demokratischen (Rechts-)Staates nicht verzichtet werden kann[36].

---

32 Zum Ausdruck gebracht in § 106 Abs. 5 GemO.

33 Geschweige denn zu deren Zuständigkeiten bzw. Aufgaben.

34 Für letztgenanntes spricht die seinerzeitige Veröffentlichung einer Muster-Dienstanweisung für die Finanzbuchhaltung mit Stand 20. Juli 2006.

35 Vgl. diesbezüglich Fachverband der Kommunalkassenverwalter (Hg.), Handbuch für das Kassen- und Rechnungswesen, Kapitel 5.1, S. 1.

36 Vgl. Fachverband der Kommunalkassenverwalter (Hg.), Handbuch für das Kassen- und Rechnungswesen, Kapitel 37.1, S. 3.

Im Zusammenhang mit diesen grundsätzlichen Erwägungen sei für Spezialisten zur eigenständigen Vertiefung folgender Gedankengang aufgeworfen:

Im Bereich kleinerer bis mittlerer Unternehmen (mit einem Umsatz bis 600.000 Euro und einem Jahresüberschuss bis zu 60.000 Euro, vgl. § 241a HGB) erkennt selbst der (Bundes-)Gesetzgeber, dass die grundsätzlich auf dem kaufmännischen Rechnungswesen basierenden bilanz- wie steuerrechtlichen Vorgaben teilweise viel zu aufwändig und umfangreich sind. Besonders das seinerzeitige BilMoG[37] führte daher für solche Betriebe aus Vereinfachungsgründen die Führung einer Einnahme-Überschussrechnung ein, welche vom Ansatz her der früheren kommunalen Kameralistik nahe kommt. Dort wurde also genau der umgekehrte Weg beschritten, weg von der doppelten Buchführung. Teilweise wird gar vertreten, dass die durch das doppelte Rechnungswesen zusätzlich gewonnenen Informationen zwar nützlich sein können, für das Wirtschaften maßgeblich seien jedoch letztlich die Zinszahlungsflüsse, welche am besten in Einnahmen-Ausgaben-Salden festgehalten würden. Gerade solche Einnahmen-Ausgaben-Salden sollten mit der Kameralistik jedoch verabschiedet werden[38]. Der teils betriebene Aufwand zum in dieser Hinsicht unzureichenden doppischen (kommunalen) Rechnungswesen (Bilanz, Ergebnisrechnung) scheint vor diesem Hintergrund jedenfalls kritikfähig. Weil in Rheinland-Pfalz die Finanzrechnung als eigenständig dritte Komponente ausgestaltet ist, wird hier sowohl dem Anliegen zur Abbildung der Zinszahlungsflüsse wie den Vorteilen des doppischen Rechnungswesens weitgehend genüge getan.

---

37 BilMoG vom 25. Mai 2009 (BGBl. I S. 1102).
38 Über die Finanzrechnung kommen solche aber zumindest indirekt weiterhin zum Tragen.

2 Aufbau und Organisation der Gemeindekasse

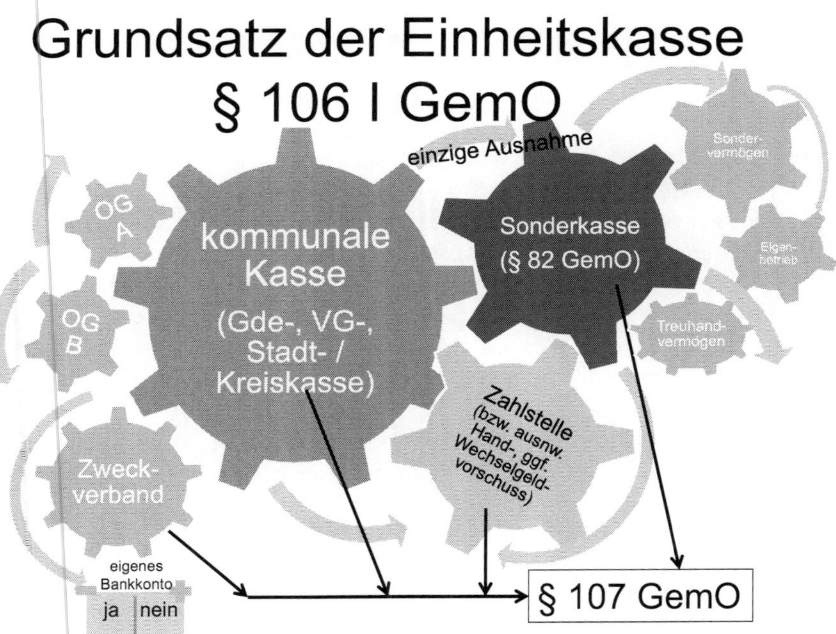

Abbildung 2: Aufbau der Gemeindekasse

Den Grundsatz der Einheitskasse haben wir bereits kennengelernt. Auch der in § 106 Abs. 5 GemO ausgedrückte Trennungsgrundsatz, nach dem Anordnung und Ausführung zu trennen sind, wurde angesprochen. Er dient der „Sauberkeit" der Verwaltung[39], der Kassensicherheit und der gegenseitigen Kontrolle von Verwaltung und Kasse. Beide Grundsätze begründen Besonderheiten in Aufbau und Organisation der Gemeindekasse. Konkrete Vorschriften, wie eine Gemeindekasse zu organisieren ist, gibt es dabei nicht. Dies richtet sich vielmehr nach der Gemeindegröße und der Art der Kasse (Gemeinde-, Verbandsgemeinde-, Stadt-, oder Kreiskasse).

39 Vgl. Scheibelhuber, KKZ 1983, 2.

2.1 Allgemeine Ausführungen zur Gemeindekasse

Die Gemeindekasse ist nach dem Grundsatz der Wirtschaftlichkeit und Sparsamkeit (siehe § 93 Abs. 3 GemO) so einzurichten, dass die Kassengeschäfte **ordnungsgemäß** und – insbesondere unter Einhaltung der Fälligkeitstermine bei Auszahlungen – **rechtzeitig** erledigt werden. Die Verantwortung dafür, auch im Hinblick auf Personalausstattung und organisatorische Vorgaben, trägt der Kassenverwalter. Dies gilt auch hinsichtlich einzusetzender Technik. Selbstverständlich soll z. B. für Mahnläufe durch entsprechend durchgängige digitale Prozesse eine weitgehende Automation sowie Kompatibilität zu anderen Verwaltungsstellen (durch gebotene bidirektionale Schnittstellenanbindung) gewährleistet werden. Hinzu kommen – wie immer, wenn es um Fragen der Geldverwaltung geht – **Sicherheitsvorkehrungen**. So sind mit Barzahlungen betraute Mitarbeiter gesondert abzusichern, grundsätzlich ist ein Tresor für Wertsachen vorzuhalten usw.[40]. Weil der Barzahlungsverkehr in heutiger Zeit aber nur noch eine untergeordnete Rolle spielt, sind Sicherheitsfragen vordringlich hinsichtlich der Abwicklung des unbaren Zahlungsverkehrs, der Sicherung der Bücher (§ 28 Abs. 12 GemHVO) und der Einrichtung von EDV-Programmen zu beachten. Auch wenn an dieser Stelle kein Raum für weitergehende Ausführungen bleibt, sollen gerade auf Sachbearbeiterebene tätige Praktiker hinsichtlich des Eigenschutzes sensibilisiert werden.

So wurde z. B. aus Aachen bekannt, dass ein Beamter lange Jahre bei der Entleerung städtischer Parkuhren Geld abzweigte. Dies fiel erst auf, nachdem diese Tätigkeit an ein Bankinstitut ausgelagert wurde und plötzlich im Monatsdurchschnitt deutlich höhere Zahlungseingänge verbucht wurden. Schaden: 950.000 Euro[41]. Ein ähnlicher Fall trat in Grünstand (Pfalz) auf – Schaden: 135.000 Euro[42]. In Mainz wurden binnen weniger Jahre bei städtischen Kulturinstitutionen drei Fälle von Veruntreuung mit einem Schaden von mehr als 970.000 Euro bekannt[43]. Bei der ARGE Siegburg erfand ein Mitarbeiter fiktive Personen und gewährte diesen Sozialleistungen, die ihm jedoch selbst zuflossen. Schaden: 125.000 Euro[44]. Ein Mitarbeiter veranlasste Zahlungen zu nicht existenten Bauunterhaltungsmaßnahmen – Schadenssumme 60.000 Euro[45].

---

40 Vgl. zu Sicherheitsanforderungen weiterführend Fachverband der Kommunalkassenverwalter e. V., Handbuch für das Kassen- und Rechnungswesen, Kap. 14.3.
41 Vgl. SZ vom 8. Februar 2006, S. 10.
42 Vgl. Meldung des SWR vom 25. Mai 2010.
43 Vgl. (Mainzer) Allgemeine Zeitung vom 14. April 2010, S. 9.
44 Vgl. General-Anzeiger vom 2. Februar 2010.
45 Vgl. Rechnungshof Rheinland-Pfalz, Kommunalbericht 2015, S. 74.

Dies wird weit übertroffen von einem Untreuefall eines Beamten der Gemeinde Hürtgenwald (nahe Aachen). Dieser bestellte für 627.000 Euro Parkbänke, teils abgerechnet über Scheinfirmen[46]. Im Eifelkreis Bitburg-Prüm soll ein Mitarbeiter über mehrere Jahre hinweg 1,5 Millionen Euro veruntreut haben, wohl insbesondere durch die intern höhere Verbuchung von Abrechnungsbeträgen in Relation zu den tatsächlichen Hilfegewährungen im Außenverhältnis[47]. Die sog. Flüchtlingskrise[48] führte dazu, dass in vielen Ausländerbehörden aufgrund der hohen Fallzahlen wie der Dringlichkeit teils von üblichen Sicherheitsvorgaben abgewichen wurde, Kontrollen möglicherweise spärlicher ausfielen und teils fachlich entfernteres Personal mehr oder minder unvorbereitet der Bearbeitung zugeordnet wurde. Dies führte bei einigen Behörden zu Auffälligkeiten, besonders in Erscheinung traten aber die Vorfälle in der Koblenzer Ausländerbehörde. Nachdem zunächst gegen mehrere Mitarbeiter Ermittlungsverfahren eingeleitet wurden[49], zentrierte sich letztlich alles auf einen Einzeltäter. Dieser räumte zwischenzeitlich zu 180 nachgewiesenen Fällen ein, Verwaltungsgebühren i. H. v. 43.500 € veruntreut zu haben (was bei den vergleichsweise niedrigen, wenn überhaupt zu diesen Asylfällen vorgesehenen, Gebührensätzen beachtlich erscheint). Zu darüber hinaus erhobenen Vorwürfen etwaiger Bestech-

46 Vgl. Rose, Veruntreuung im Rathaus: Kaufsucht Grund für Taten, in: Aachener Zeitung vom 3. Januar 2018; ders., Beamter veruntreut Geld, in: ebd. vom 2. August 2018; Pauli, Die gefälschten Rechnungen im Rathaus, in: ebd. vom 28. Juni 2019; ders., Verteidiger erhebt Vorwürfe gegen die Gemeinde Hürtgenwald, in: ebd. vom 8. Juli 2019 (alle in der Onlineausgabe, abrufbar über www.aachener-zeitung.de, zuletzt abgerufen am 18. Dezember 2020). In diesen Artikeln wird insbesondere darauf hingewiesen, dass der Ex-Beamte umfangreich geständig sei, jedoch jahrelang notwendige Kontrollmechanismen versagt hätten, weshalb schwere Vorwürfe gegen die Gemeindeverwaltung und damit dortiges Führungspersonal erhoben würden.

47 Vgl. dazu Schlecht, Trierischer Volksfreund, Onlineausgabe vom 23. Juli 2018.

48 Diese Wortschöpfung ist mehr als bedenklich, da selbstverständlich nicht die Flüchtlinge die Krise bildeten, sondern der Syrienkrieg Menschen in die Flucht trieb. Die unbesehene Übernahme solcher Begrifflichkeiten spielt gewissen Interessengruppen in die Hände, was keinesfalls von verfassungsgebundenen Behördenvertretern toleriert werden darf. Gleichwohl sind bis in die jüngste Vergangenheit solche Tendenzen aufgrund dieses populär gewordenen Begriffes immer wieder festzustellen, leider gerade auch im Behördenumfeld.

49 Vgl. Lindner, Korruption im Ausländeramt der Stadt Koblenz? 21 Ermittlungsverfahren eingeleitet, in: Rhein-Zeitung vom 26. März 2019 (Onlineausgabe, abrufbar via www.rhein-zeitung.de/region/aus-den-lokalredaktionen/koblenz-und-region_artikel,-korruption-im-auslaenderamt-der-stadt-koblenz-21-ermittlungsverfahren-eingeleitet-_arid,1953590.html, zuletzt abgerufen am 30. April 2021).

lichkeit schwieg er[50]. Überregional wirken ferner die Folgen des hessischen AWO-Skandals, bei welchem zwar Untreuetatbestände (namentlich angebliche Darlehen, fingierte bzw. deutlich überhöhte Gehälter oder solchermaßen abgerechnete Dienstreisen sowie Auslagen für private Bewirtungen oder Festivitäten) die privatrechtlich Verantwortlichen zur Hauptkasse der Arbeiterwohlfahrt primär treffen[51], aber: Aufgrund der teilweise gegebenen Näheverhältnisse zu politischen Entscheidungsträgern wie insbesondere der anteiligen Finanzierung der AWO aus staatlichen bzw. kommunalen Sozialleistungstransfers berührt dies auch behördliche Kassenvorgänge zusammengefasst dahingehend, ob gegenüber diesen Finanzlastträgern nicht überhöht abgerechnet worden sein mag. Spektakulär ist auch der Fall eines Kämmerers aus der Eifel, welcher mit seinen Kenntnissen als früherer Kassenverwalter und EDV-Administrator fiktive Darlehensrückzahlungen an sich selbst überwies. Schaden für die betroffenen Kommunen: mehr als 2,5 Millionen Euro[52]. Nicht nur dieser in Relation zum Haushaltsvolumen der zugehörigen Verbandsgemeinde äußerst hohe Betrag sticht hervor. Für hiesige Lehrzwecke wesentlich beachtlicher ist die Tatsache, dass er die vermeintlichen Darlehensrückzahlungen meist über formal korrekte Auszahlungsanordnungen veranlasste, welche immer eine weitere Verwaltungskraft, teilweise wohl sogar in Kenntnis der Behördenleitung[53], zusätzlich unterschriftlich bestätigte. Auch wenn dieser zweiten Unterschriftsperson in diesem konkreten Fall möglicherweise keine Vorwürfe zu machen sein mögen[54]: Alleine die nachfolgenden Kontrollen z. B. von der Polizei, beauftragten Wirtschaftsprüfern und natürlich der Kommunalaufsicht zehrten enorm. Um keinen falschen Eindruck zu vermitteln: In den vorgenannten Praxisfällen zielten die steuernden Personen auf persönliche Vorteile. Die Kassensicherheit kann aber selbstverständlich auch jenseits etwaiger Vorteilsnahmeaspekte einzelner Personen gefährdet

50 Vgl. weiterführend (ohne Autorenangabe) Korruptionsprozess: Viereinhalb Jahre Haft für Ex-Mitarbeiter der Koblenzer Ausländerbehörde gefordert, in: Rhein-Zeitung vom 6. September 2019 (Onlineausgabe, abrufbar via www.rhein-zeitung.de/region/aus-den-lokalredaktionen/koblenz-und-region_artikel,-korruptionsprozess-viereinhalb-jahre-haft-fuer-exmitarbeiter-der-koblenzer-auslaenderbehoerde-gefordert-_arid,2022674.html, zuletzt abgerufen am 30. April 2021).

51 Vgl. zu den umfangreichen Tatkomplexen exemplarisch zusammenfassend Schwan, Razzia bei ehemaligen Awo-Verantwortlichen, in: FAZ 8. Dezember 2020 (Onlineausgabe, abrufbar via https://www.faz.net/aktuell/rhein-main/frankfurt/vorwurf-auf-untreue-razzia-bei-ehemaligen-awo-verantwortlichen-17091361.html, zuletzt abgerufen am 30. April 2021).

52 Vgl. z. B. Obere Kyll-Nachrichten, Ausgabe 44/2007, S. 3.

53 Vgl. zum Organisationsverschulden von Leitungsverantwortlichen insoweit z. B. VG Regensburg, Urteil vom 10. November 2004 – RN 1 K 04.1573.

54 Auf das etwaige Mitverschulden nach § 254 BGB ist jedoch hinsichtlich einer anteilig eigenen Haftung hinzuweisen.

sein. So fiel bei der Verbandsgemeinde Heidesheim anlässlich deren Zusammenlegung mit Ingelheim auf, dass mehr als 700.000 Euro fehlten, weil über Jahre hinweg wirksam festgesetzte Abgaben schlicht nicht eingezogen wurden[55]. Letztlich gilt darauf hinzuweisen, dass auch Vorfälle ohne unmittelbaren Geldbezug sehr wohl die Kassensicherheit tangieren können. Beispielsweise können Blankodokumente zur Ausstellung behördlicher Urkunden in Fachkreisen enorme Werte repräsentieren. Bekannt wurde überregional ein Einbruch in der Düsseldorfer Zulassungsstelle, bei dem offenbar gezielt mehrere tausend Blanko-Dokumente der Kfz-Zulassungsbescheinigungen entwendet wurden[56].

Fazit: Mit diesem eher unspektakulär klingenden Randbereich der Kassensicherheit soll bei (angehenden) Praktikern ein Gespür geweckt werden, auch kleine Auffälligkeiten kritisch zu hinterfragen und nicht einfach vorgefundene Verwaltungspraktiken klaglos fortzuführen. Dies dient vor allen Dingen dazu, sich nicht selbst in eine denkbare Haftung zu bringen, indem man nachträglich als (schlimmstenfalls strafrechtlich) beteiligte Person angesehen wird. Hier sei für Kassenmitarbeiter auch der Hinweis auf eine meist sinnvolle Diensthaftpflichtversicherung erlaubt.

Unter dem Begriff **Kassensicherheit** lässt sich ferner zusammenfassen:

- Sendungen an die Gemeindekasse sind stets ungeöffnet an diese weiterzuleiten[57].
- Dies setzt wiederum voraus, dass die Gemeindekasse ausdrücklich als solche „firmiert“, d. h. sich auf dem Briefkopf eindeutig als Gemeindekasse zu erkennen gibt.
- Erfordernis der Doppelunterschrift bzw. entsprechend digitalem Ersatz: Zahlungsaufträge dürfen nur nach Freigabe durch zwei Kassenbedienstete erfolgen (vgl. § 25 Abs. 5 Satz 3 GemHVO).
- Anordnungszwang: Zahlungen dürfen grundsätzlich nur aufgrund schriftlicher bzw. digitaler Anordnungen empfangen oder geleistet werden (§ 25 Abs. 1 GemHVO). Gleiches gilt für sämtliche Mitarbei-

55 Insbesondere erteilte Lastschriftmandate wurden wohl nicht genutzt, vgl. ausführlich Mainzer Allgemeine Zeitung vom 13. Dezember 2018, S. 18.

56 Vgl. Schroeter, Tausende Blanko-Dokumente gestohlen - Stadt warnt Gebrauchtwagenkäufer, in: RP-Online vom 20. Dezember 2018 (abrufbar via https://rp-online.de/nrw/staedte/duesseldorf/einbruch-in-duesseldorfer-kfz-zulassungsstelle-tausende-blanko-dokumente-gestohlen-stadt-warnt-gebrauchtwagenkaeufer_aid-35250495, zuletzt abgerufen am 30. April 2021).

57 Früher ausdrücklich vorgeschrieben, siehe damaligen § 51 Abs. 5 Satz 1 GemKVO. Auch heute ist diese Handhabung erforderlich, wäre allerdings klarstellend in einer Dienstanweisung für die Gemeindekasse vorzuschreiben.

ter des Rechnungsprüfungsamtes, vgl. § 111 Abs. 6 GemO und die zugehörige VV Nr. 3.

- Anordnungsverbot bzw. Trennungsgrundsatz: Bedienstete der Gemeindekasse dürfen keine Kassenanordnungen erteilen (§ 106 Abs. 5 GemO).
- Die sachliche und rechnerische Feststellung (§ 25 Abs. 3 GemHVO) und die Erteilung einer Kassenordnung durch einen Anordnungsbefugten (§ 25 Abs. 4 Satz 1 GemHVO) hat durch verschiedene Personen zu erfolgen (§ 25 Abs. 4 Satz 2 GemHVO).
- § 25 Abs. 5 GemHVO regelt die zwingende personelle Trennung zwischen Buchführung und Zahlungsverkehr.
- § 106 Abs. 4 GemO enthält Verwandtschaftsregelungen in Bezug auf den Kassenverwalter und seinen Vertreter.

Organisatorische Stichworte zur Gemeindekasse

Die **Hauptkasse**

- erledigt grundsätzlich alle Kassengeschäfte;
- ist die zentrale Buchungsstelle (jedenfalls bzgl. der Zahlungsvorgänge);
- ist für den Abschluss der Finanzmittelkonten zuständig (vgl. § 25 Abs. 6 Satz 2 GemHVO; frühere Bezeichnung: Erstellung des kassenmäßigen Abschlusses);
- wirkt beim Jahresabschluss mit (§§ 43 ff. GemHVO), insbesondere bei der Erstellung der Finanzrechnung i. S. v. § 45 GemHVO, welche alle im Haushaltsjahr eingegangenen Einzahlungen und geleisteten Auszahlungen vollständig und getrennt ausweist;
- bildet die zentrale Geldverwaltung;
- ist die Vollstreckungsstelle (in Bezug auf die Vollstreckung von Geldzahlungsansprüchen verpflichtend bei der kommunalen Kasse nach § 19 Abs. 1 Satz 1 LVwVG angesiedelt).

Gegebenenfalls **Zahlstellen** oder **Handvorschüsse**[58] zu Teilaufgaben, dazu später mehr.

58 Diese wurden teils zusammenfassend als „Handkassen" bezeichnet, herrührend aus der seinerzeit bereitgestellten Musterdienstanweisung im Rahmen der Umstellung auf die kommunale Doppik.

2.2 Aufgaben der Gemeindekasse

Mittlerweile ist bekannt, dass nach § 106 Abs. 1 Satz 1 Halbsatz 1 GemO die Gemeindekasse dem Grunde nach nur eine Aufgabe hat: sie nimmt alle Kassengeschäfte wahr. Nunmehr kommt die Frage auf: Was sind denn überhaupt **„alle Kassengeschäfte"**? Eine abschließende Auflistung gibt es in höherrangigen Rechtsvorschriften nicht, wenngleich § 25 Abs. 2 Satz 1 GemHVO gewichtige Hinweise liefert (allerdings unter dem der GemO fremden Begriff der **Zahlungsabwicklung**), was auf jeden Fall zu den Kassengeschäften der Gemeindekasse zählen soll[59]:

- die Annahme von Einzahlungen,
- die Leistung von Auszahlungen,
- die Verwaltung der Finanzmittel sowie
- das Mahnwesen und die Zwangsvollstreckung[60].

§ 25 Abs. 2 Satz 2 GemHVO hebt hervor, dass jeder Zahlungsvorgang zu erfassen und zu dokumentieren ist, was ebenfalls nur der Gemeindekasse vollständig möglich ist. Nach § 25 Abs. 4 GemHVO hat die Gemeindekasse in der Folge die Finanzmittelkonten grundsätzlich pro Buchungstag mit den tatsächlichen Finanzmittelbeständen abzugleichen (früherer und teils noch verwandter Begriff: Tagesabschluss), spätestens am Jahresende den Bestand der Finanzmittel festzustellen und die Finanzmittelkonten für den Jahresabschluss abzuschließen.

Schon § 106 Abs. 3 Satz 2 und Abs. 5 sowie § 112 Abs. 2 Nr. 3 GemO setzen gesetzlich voraus, dass auch nach der Umstellung auf die kommunale Doppik die Gemeindekasse grundsätzlich nur auf der Grund-

---

59 Ungeachtet der mit der vorrangigen GemO nicht sauber abgestimmten Begriffe, bestätigt diese Sichtweise explizit auch die in 2017 seitens des Landes Rheinland-Pfalz neugefasste GemHVO-VV. Diese lässt zudem erkennen, dass dem Land bewusst ist, dass die kommunale Kasse im Rahmen der Kassengeschäfte Aufgaben zu erfüllen hat, die unabhängig von der bloßen Zahlungsabwicklung sind (vgl. exemplarisch Ziff. 2.4 der VV zu § 25 GemHVO zur Bestätigung auch doppisch notwendiger Ein- oder Auslieferungsanordnungen).

60 Unglücklich wird teils der letzte Begriff der Zwangsvollstreckung wahrgenommen, weil dieser zivilprozessual determiniert ist. Richtiger wäre hingegen die Betonung der Zuordnung der Verwaltungsvollstreckung als Aufgabe der Gemeindekasse. Dabei wurde wiederum teils kritisch hinterfragt, ob denn die Aufgabe der Vollstreckung tatsächlich ein Kassengeschäft i. S. v. § 106 Abs. 1 GemO darstelle, was aber letztlich dahingestellt bleiben kann, weil jedenfalls § 19 Abs. 1 Satz 1 LVwVG die Aufgaben der Vollstreckungsbehörde explizit der Gemeindekasse zuweist (vgl. dazu m. w. N. Klomfaß, KKZ 2012, 154 [156]). Spätestens seit 2009 mit Umstellung auf die kommunale Doppik lässt sich gerade auf Grundlage des oben zitierten § 25 Abs. 2 Satz 1 GemHVO umgekehrt argumentieren: Weil jetzt sogar die zivilprozessuale Zwangsvollstreckung über den Begriff der Zahlungsabwicklung der Gemeindekasse zugewiesen ist, gilt dies erst Recht für die klassischen

lage einer **Kassenanordnung** tätig werden darf (§ 25 Abs. 1 GemHVO konkretisiert dies, wenngleich dort der unglückliche Begriff der Zahlungsanweisung verwandt wird[61]), welche zugleich die Annexaufgabe der Dokumentation in den Büchern umfasst.

In der Anfangszeit nach der Umstellung auf die kommunale Doppik kam es landesweit zu Unstimmigkeiten, wo denn seither die **Buchführung** in der Kommunalverwaltung zu verorten sei. Den Anfang bildete das Land Rheinland-Pfalz, welches im Zuge dieser Umstellung bewusst die damalige GemKVO ersatzlos aufhob, um den Kommunen größere organisatorische Freiheiten durch Eröffnung eigener lokaler Regelungsmöglichkeiten zu gewähren. Dies interpretierten einzelne Entscheider so, dass damit generell eine Schwächung der Gemeindekasse einherginge. In der Folge kam es vereinzelt dazu, dass die Buchführung organisatorisch aus der Gemeindekasse herausgelöst und als separate Einheit in der Verwaltung platziert wurde[62]. Zwischenzeitlich wurde jedoch klar, dass die Buchführung grundsätzlich auch weiterhin der kommunalen Kasse zuzuordnen ist. Es lässt sich sogar umgekehrt argumentieren: Aufgrund der mit dieser Umstellung einhergehenden höheren Anforderungen an das Buchführungssystem in Relation zur damaligen Kameralistik stellt sich diese Aufgabenzuordnung an die kommunale Kasse noch deutlicher ein als früher, zumal dann, wenn gerade die Finanzrechnung als wesentlichste der heutigen Drei-Komponentenrechnung eingestuft werden sollte. Drysch fasst insofern zutreffend zusammen:

> „Mit der Einführung der kommunalen Doppik wurde die Möglichkeit der Abtrennung der Buchführung von der Gemeindekasse ersatzlos gestrichen. Eine Abtrennung ist demnach nicht mehr möglich."[63]

Ferner zählt zu den Kassengeschäften die Verwahrung von Wertgegenständen. Auch dazu bedarf es lokaler Detailregelungen in einer Dienstanweisung[64].

Zuständigkeiten der Gemeindekasse ergeben sich weiterhin für die sog. **Billigkeitsmaßnahmen** (mindestens hinsichtlich der daraus folgenden

---

Fälle der Verwaltungsvollstreckung (in diesem Sinne auch die VV Nr. 3 zu § 25 GemHVO von 2016).

61 Die VV Nr. 2 zu § 25 GemHVO stellt jedoch gleich eingangs klar, dass auch seitens des Landes der Begriff der Kassenanordnung zu präferieren ist.

62 Zum Hintergrund: In der Kameralistik war zwingend die Gemeindekasse für die Buchführung einschließlich der Sammlung der Belege zuständig (§ 1 Abs. 1 Satz 1 Nr. 4 GemKVO in der Fassung bis 2009).

63 Drysch, in: Dirnberger/Henneke u. a. (Hg.): Praxis der Kommunalverwaltung, GemO § 106, Ziffer 1.5 (11. Auflage 2021).

64 So schon früh z. B.§§ 28 f. Muster-DA für die Gemeindekasse von Achim Schmidt. Bestätigend insofern die 2017 ergangene VV Nr. 2.4 zu § 25 GemHVO.

Buchungsvorgänge). Darunter versteht man Stundung, Niederschlagung und Erlass (vgl. erläuternd § 23 GemHVO). Lokal zu klären bleibt der Verantwortungsgrad der Gemeindekasse. Zwecknotwendig erscheint es, dass die Gemeindekasse jedenfalls hinsichtlich der Nebenforderungen ausschließlich zuständig ist. Zu ihnen gehören insbesondere die Mahngebühren, die Vollstreckungskosten sowie die Säumniszuschläge (vgl. hierzu § 240 AO, § 18 LGebG). Im Hinblick auf die Hauptforderungen bleibt die Entscheidung standardmäßig zwar bei den Fachbereichen verortet, zu deren Budget die Forderungen gehören. Eine zentrale abschließende Bearbeitung (auch der Hauptforderungen) wird aus Gründen der Verwaltungsvereinfachung häufig jedoch sinnvoll sein. Dann ist als Ausnahme vom Trennungsgrundsatz eine entsprechende Beauftragung von Kassenbediensteten möglich (§ 29 Abs. 3 GemHVO)[65]. Sinnvoll wird dies in den allermeisten Fällen auch deshalb erscheinen, weil gerade bei der Kasse die Vollstreckung angesiedelt ist. Zu den dortigen Verfahren (Vermögensauskunft, Insolvenzerfahren) ist aber ohnehin eine gebündelte Kassenzuständigkeit gegeben. Weil zudem viele Fälle der Insolvenzanfechtung konkret an gewährte Stundungen anknüpfen, ist es auch deshalb zielführend, wenn bereits die eigentliche Entscheidung zu Stundungs- bzw. Erlassanträgen bei der Kasse getroffen wird, sodass sich die dortigen Sachbearbeiter bereits im Vorfeld der Versagungs- oder Gewährungsentscheidung insbesondere mit den dortigen Insolvenzsachbearbeitern hinsichtlich etwaiger Folgen oder Gefahren abstimmen können.

Als weitere Aufgaben sind gem. §§ 51 f. GemHVO Forderungs- und Verbindlichkeitsübersichten zum Jahresabschluss zu erstellen.

In einer Dienstanweisung für die Gemeindekasse wäre ferner festzulegen, ob und wie evtl. weitere Aufgaben seitens der Gemeindekasse durchzuführen sind (z. B. zentrale Wahrnehmung bestimmter EDV-Aufgaben, Fertigung spezieller Finanzstatistiken etc.). Dabei sollten auch Ausführungen zu **fremden Kassengeschäften** gemacht werden. Darunter versteht man zu erledigende Kassengeschäfte für andere Gemeinden, angeschlossene Zweckverbände oder auch Eigenbetriebe[66].

65 Siehe bzgl. der Pflicht zur Detailregelung in einer Dienstanweisung § 29 Abs. 2 Nr. 1 Buchst. H GemHVO.

66 Welche allerdings Sonderkassen nach § 12 EigAnVO, § 82 GemO führen müssen. Vgl. ausführlich zur sinnvollen Wahrnehmung solcher fremden Kassengeschäfte für nahestehende Eigenbetriebe oder Zweckverbände Klomfaß, KKZ 2017, 4 ff. (30 ff.).

Beispielfortführung zum Kronenburger See:

Ein Zweckverband hat eine eigene Rechtspersönlichkeit und könnte u. a. deshalb seine Kassengeschäfte auch selbst mit eigenem Verwaltungspersonal abwickeln. Meist wird dies ob der überschaubaren Buchungs- und Zahlungsvorgänge jedoch unwirtschaftlich sein. Anstatt insoweit eigenes professionelles Kassenpersonal und komplexe Finanzsoftware vorzuhalten, werden häufig die Kassengeschäfte seitens einer der beteiligten Kommunen als fremde Kassengeschäfte mit geführt. So auch beim Kronenburger See, dort über die (wenngleich nordrhein-westfälische) Gemeinde Dahlem.

Seit der Umstellung auf die kommunale Doppik werden Kassenbedienstete teils mit vermeintlich seither neuen Aufgaben konfrontiert. Die vereinzelt anzutreffende „Offene-Posten-Verbuchung" zählt dabei jedoch zur Routine-Aufgabe der Annahme von Einzahlungen bzw. Leistung von Auszahlungen. Das häufig benannte zentrale Forderungsmanagement hingegen ist dem tradierten Mahn- und Vollstreckungswesen zuzuordnen[67]. Neue eigenständige Aufgaben der Gemeindekasse verbergen sich dahinter in aller Regel nicht. Sinnvolle Detailansätze zu solchermaßen vermeintlich modernen Schlagwörtern gilt es schlicht in die Teilaufgaben des umfassenden Kassenwesens zu integrieren. Mithin ist interessierten Entscheidern bzw. Kommunalpolitikern perspektivisch zu empfehlen, dass nicht unter vermeintlich neuen Ansätzen unter modern klingenden Schlagwörtern bloß Stellen zusätzlich geschaffen werden, sondern dass tatsächlich im Detail neue Teilaspekte in bestehende Abläufe effektiv integriert werden, die nicht durch Umschichtungen bisherigen Personals bzw. durch anteiligen Technikeinsatz anderweitig aufgefangen werden können.

2.3 Sonderkassen (§ 82 GemO)

Sonderkassen stellen die **einzige Ausnahme vom Prinzip der Einheitskasse** dar. Sie bilden eine selbständige Kasse neben der Gemeindekasse. Mit dieser sind sie gleichwohl zu verbinden (§ 82 Satz 2 GemO), d. h. insbesondere regelmäßig abzugleichen. Gedacht sind sie ausweislich des Gesetzeswortlautes für Sonder- und Treuhandvermögen mit Sonderrechnungen. Unter einem solchen Sondervermögen werden vor allem

67 So auch Sturme, KKZ 2008, 241 (246). Vgl. zum Begriff des Forderungsmanagements, die Kritik daran zusammenfassend und die sprachlichen Ungenauigkeiten aufzeigend Klomfaß, Allheilmittel Forderungsmanagement?, KKZ 2021, 63 ff.

Eigenbetriebe verstanden (§ 80 Abs. 1 Nr. 3 GemO), beispielsweise der kommunale Entsorgungsbetrieb. Bezüglich der Eigenbetriebe gilt zu beachten, dass diese zwar wirtschaftlich, nicht jedoch rechtlich selbständig sind. Daraus folgt, dass sie eigene Haushaltspläne (genauer: Wirtschaftspläne, vgl. § 15 Abs. 1 Eigenbetriebs- und Anstaltsverordnung, kurz EigAnVO) vorhalten und ihre Rechnung schon seit geraumer Zeit nach den Regeln der doppelten kaufmännischen Buchführung[68] führen (vgl. § 20 Abs. 1 EigAnVO). Wenn aber schon eine eigenständige Rechnung nebst Buchführung vorgeschrieben ist, entspräche dem auch die separierte Abwicklung der notwendigen Zahlungsströme des Eigenbetriebes. § 12 Abs. 1 EigAnVO verpflichtet deshalb zur Führung einer Sonderkasse. Oft wird es jedoch genügen, lediglich eine solche abgegrenzte Sonderrechnung zu ermöglichen (beispielsweise in Rede eines eigenen außenwirksamen Bankkontos des Eigenbetriebes). Die vollständige Herauslösung der Zahlungsströme aus dem kommunalen Liquiditätsmanagement hat damit nicht einherzugehen – eher im Gegenteil: Zum Beispiel durch Nutzung moderner **Pooling**software ist die gebündelte wirtschaftlichste Mittelverwendung bei nur noch einem zentralen kommunalen Bankkonto (mit Glattstellung jeglicher zugeordneter Unterkonten wie hier zum Eigenbetrieb) regelmäßig geboten. Auch die zwischenzeitlichen Vorgaben zum kommunalen Gesamtabschluss (§ 109 GemO)[69] lassen es über die vorgeschriebene kommunale Liquiditätsplanung (§ 93 Abs. 5 Satz 1 GemO) hinaus folgerichtig erscheinen, liquide Mittel nicht länger autark ausschließlich wegen des Verweises auf die Sonderkassenführungspflicht zu separieren. Vielmehr sind diese (unter Wahrung getrennter Buchungskreise, insbesondere durch Nutzung effektiver Verrechnungsmodelle) trotz Sonderkassenführung zu verbinden[70].

Praxishinweis: Vereinzelt wird in der Praxis gegen das Mittelpooling argumentiert, dass dies in der historisch niedrigen Zinsumgebung ökono-

---

68 Die übrigens wiederum inhaltlich von der kommunalen Doppik abweicht.

69 Womöglich auch, um kritischen Begutachtungen der Aufsichtsbehörden weniger direkte Anknüpfungspunkte zu bieten, wurden im Laufe der Jahre bei zahlreichen Kommunen immer mehr Tätigkeiten aus dem Kernhaushalt in eigenständige Organisationseinheiten ausgelagert. Dies kann der Kommune selbst aber schon Handlungs- bzw. Steuerungsfunktionen schmälern, insbesondere dann, wenn diese ausgelagerten Organisationseinheiten ein ursprünglich nicht bedachtes Eigenleben entwickeln. Auch wirtschaftlich müssen sich Auslagerungen nicht per se als vorteilhaft erweisen. Vor all diesen Hintergründen sind die Kommunen mit mindestens einer Tochterorganisation spätestens seit dem 31. Dezember 2015 zum Gesamtabschluss verpflichtet (§ 15 Abs. 1 KomDoppikLG). Stark vereinfacht erklärt, bildet dieser das Aggregat aller zusammengefassten Jahresabschlüsse (der Gemeinde selbst sowie aller maßgeblichen Tochtergesellschaften, je nach definiertem Konsolidierungskreis, § 109 Abs. 4 Satz 1 GemO).

70 Vgl. zum Ganzen ausführlich (mit Mustern) Klomfaß, VR 2017, 189 ff.; ders.: KKZ 2017, 4 ff. (30 ff.).

misch nicht besonders sinnvoll sei – Kommunen erhielten doch bei Aufnahme von Liquiditätskrediten teils gar die Negativzinsen gutgeschrieben. Oft wird dies aber zu kurz gegriffen sein. Zunächst einmal liefert ein solchermaßen angedachtes Cash-Pooling Vorteile weit über den Zinseffekt hinaus. Insbesondere muss danach nur an einer Stelle speziell kassenrechtlich versiertes Personal vorgehalten werden, was ob des Mengenzuwachses abzubildender Vorgänge zudem die Kosten pro Bearbeitungsfall senkt. Ferner ist nur dort spezielle Technik und Software zur steten Gewährleistung der Kassensicherheit notwendig. Darüber hinaus haben auch Eigenbetriebe durchaus Personalengpässe, was sich leicht entspannen ließe, wenn eine stärkere Fokussierung auf deren eigenes Kerngeschäft (z. B. die Abfallentsorgung) dadurch ermöglicht würde, dass bisher anteiliges Kassenpersonal (insbesondere bei dort z. B. dezentral erfolgender Mahnsachbearbeitung) umgeschichtet würde. Bei geschicktem Softwareeinsatz können zudem etliche Vorgänge stärker automatisiert abgebildet werden, vor allem der Tagessaldierung mit dem kommunalen Haupt-Bankkonto wird über die Banksoftware standardmäßig vollautomatisch über Nachtläufe realisierbar. Auch kann das eingangs vorgebrachte Gegenargument in Bezug auf das historisch niedrige Zinsumfeld umgekehrt belastend wirken, wenn beispielsweise bei einzelnen Eigenbetrieben hohe Guthabenbeträge auf deren Bankkonten bestehen, die zur Entrichtung eines „Verwahrentgelt" (teils als sog. Strafzins) verpflichten. Und letztlich: § 12 Abs. 2 EigAnVO gibt eindeutig vor:

„Vorübergehend nicht benötigte Geldmittel der Sonderkasse des Eigenbetriebs sollen in Abstimmung mit der Kassenlage der Gemeinde angelegt werden. Wenn die Gemeinde die Mittel vorübergehend bewirtschaftet, ist sicherzustellen, dass die Mittel dem Eigenbetrieb bei Bedarf wieder zur Verfügung stehen."

Bekanntermaßen wird juristisch ein „Sollen" als „Müssen" mit Ausnahmemöglichkeiten in atypischen Sonderfällen verstanden. Ein solcher atypischer Sonderfall wird sich in Bezug auf bloße Geldmittelbereitstellungen, gerade auf Basis der heutigen Technik mit kurzfristigen Übertragungsmöglichkeiten, kaum feststellen lassen, zumal selbst für kurzfristig notwendig werdende Beauftragungen zunächst die jeweilige außenwirksame Verpflichtungserklärung (vgl. § 49 GemO) relevant wird, für welche zu diesem Zeitpunkt noch nicht unmittelbar Budgetmittel zahlbar gemacht werden müssen. Ausreichend ist insofern, dass feststeht, dass die notwendigen Mittel kurzfristig überhaupt bereitgestellt werden können – ob seitens einer Sonderkasse oder direkt seitens der Gemeindekasse selbst, ist unerheblich. Hinzu kommt vor diesem Hintergrund § 105 Abs. 2 Satz 1 GemO:

„Zur rechtzeitigen Leistung ihrer Auszahlungen kann die Gemeinde Kredite zur Liquiditätssicherung bis zu dem in der Haushaltssatzung festgesetzten Höchstbetrag aufnehmen, **soweit keine anderen Mittel zur Verfügung stehen**."

Aufgrund der eindeutigen Formulierung darf deshalb kein Kredit zur Liquiditätssicherung aufgenommen werden, solange anderweitige Mittel – hier über die verpflichtend nach § 12 Abs. 2 EigAnVO abzuführenden Mittel einer Sonderkasse – zur Verfügung stehen.

Zur Vervollständigung: Rechtsfähige Stiftungen (z. B. Schulstiftungen) stellen ausweislich § 84 GemO kein Sondervermögen dar. Für sie darf deshalb keine Sonderkasse eingerichtet werden. Für solche Stiftungen wahrgenommene Kassengeschäfte sind vielmehr fremde Kassengeschäfte.

2.4 Zahlstellen oder Handvorschüsse

Eingangs ist klarzustellen, wie in Abbildung 2 ersichtlich, dass weder Zahlstellen noch etwaige Handvorschüsse **eine Ausnahme zum Grundsatz der Einheitskasse** bilden. Vielmehr wurde früh erkannt, dass die Zentralisation von Kassengeschäften bei der Einheitskasse notwendig und vorteilhaft ist. Aber: Bei bestimmten Verwaltungs- und Aufgabenbereichen werden Zahlungsvorgänge ausgelöst, die besser gleich „vor Ort" abzuwickeln sind. Beispielhaft seien genannt: Kassen bei Theater, Schwimmbad oder kommunalem Museum, die Ausgabestelle bei der für Sozialleistungen zuständigen Abteilung, z. B. auch als Geldausgabeautomat u. v. a. m. Häufig richten sich deren Kassengeschäfte nach den örtlichen Bedürfnissen. Zwar kommen die dazu relevanten Begriffe der Zahlstelle oder des Handvorschusses (insbesondere als bloßer Wechselgeldvorschuss) weder in der GemO noch in der ausführenden GemHVO vor. Weil durch die Umstellung auf die kommunale Doppik aber bewusst das kommunale Kassenwesen inhaltlich insoweit nicht geändert werden sollte, hat die heutzutage notwendige Dienstanweisung folglich auch diese beiden fortgeltenden Begriffe zu definieren und die zugehörigen (Abrechnungs- und Prüfungs-)Verfahren zu beschreiben[71].

Zahlstellen kommt dabei die größere Bedeutung zu. Sie unterliegen selbstredend dem Gebot der Wirtschaftlichkeit (§ 93 Abs. 3 GemO), Entscheidungen über Einführung und Abrechnung trifft der Bürgermeister

71 In diesem Sinne auch die via Ministerialblatt Nr. 2 vom 28. Februar 2017 neu gefassten Nr. 4 und 5 zu § 25 GemHVO der VV.

bzw. Landrat. Die Zahlstelle hat umfassende Verpflichtungen gegenüber der Gemeindekasse wie

- Führung von Büchern oder Aufzeichnungen,
- Abrechnungsverkehr mit der Hauptkasse,
- **Einzahlungen und Auszahlungen** gehen in die Bücher der Gemeindekasse über,
- jedoch ist keine gesonderte Rechnungslegung zwingend erforderlich (aber ggf. möglich, vgl. VV Nr. 4 zu § 25 GemHVO a. E.).

Sofern als vorteilhaft erachtet (wozu sich seit der Reform der Vermögensauskunft zum Jahre 2013 kaum noch praktische Ansatzpunkte werden finden lassen[72]), könnte sie sogar anteilig für besondere Bereiche als dezentrale Vollstreckungsbehörde bestimmt werden.

Besonders wichtig ist, dass die grundsätzlich im Bereich der Einnahmeverwaltung eingerichteten Zahlstellen Teil der Gemeindekasse sind und insofern – was auch vielen langjährigen Praktikern oftmals nicht bewusst war – in Bezug auf die dort wahrgenommenen Kassengeschäfte fachlich dem Kassenverwalter unterstehen. Beispiel: Bei der Zulassungsstelle ist zur Annahme der mit Kraftfahrzeugan-, -ab- oder -ummeldungen anfallenden Gebühren eine Zahlstelle eingerichtet. Bedarf es Entscheidungen aus dem kraftfahrzeugrechtlichen Bereich, sind diese von der vorgesetzten Stelle für diese Abteilung einzuholen. Geht es aber z. B. um die Frage, wie solche vereinnahmten Gebühren zu buchen seien (also um eine kassenrechtliche Frage), ist der – oftmals räumlich weit entfernte – Kassenverwalter weisungsbefugt. Hier tätige Sachbearbeiter haben, wenn man so will, praktisch zwei Vorgesetzte (anteilig kann dann entsprechend das Anordnungsverbot des § 106 Abs. 5 GemO relevant werden).

---

72 Beispielsweise ist dies nicht länger zu übergeleiteten (zivilrechtlichen) Unterhaltsforderungen sachlich begründbar. So ist einerseits bereits nach § 25 Abs. 2 Satz 1 Nr. 4 Variante 2 GemO eben auch die (zivilprozessuale) Zwangsvollstreckung grundsätzlich der Gemeindekasse zugewiesen. Andererseits wird explizit der Forderungsübergang u. a. nach § 7 UVG durch § 1 Abs. 1 Nr. 1 B LVwVGpVO – obwohl privatrechtliche Forderung – für die Verwaltungsvollstreckung geöffnet (vgl. dazu ausführlich Klomfaß, NJOZ 2016, 121 ff.). Weil gerade die Vollstreckung von Unterhaltsforderungen hochgradig belastend wirkt und zu diesen besonders die Abnahme der Vermögensauskunft relevant wird (aber auch zu Insolvenzverfahren wegen etwaig gesonderter Anmeldenotwendigkeit nach § 174 Abs. 2 InsO), ist eine effektive Vollstreckung über die Vollstreckungsstelle bei der zentralen Gemeindekasse geboten.

Dies gilt demgegenüber bei den überhaupt nur ausnahmsweise[73] vorgesehenen **Handvorschüssen** gerade nicht. Als Handvorschuss wird dabei ein Betrag verstanden, der einer Dienststelle

- zur Leistung geringfügiger Barzahlungen[74] (praktisch kaum relevant) oder
- als **Wechselgeld**

zur Verfügung gestellt wurde. Die Buchung erfolgt im Vorschussbuch mit grundsätzlich gebotener monatlicher Abrechnung[75].

Praxistipp: Die Schwierigkeiten im korrekten Umgang mit Zahlstellen und dazu folgender Buchführungs-, Prüf- und Dokumentationspflichten lassen sich vor dem Hintergrund des **OZG** bei durchdachter Ausgestaltung künftig merklich entschärfen. Bis Ende 2022 müssen danach grundsätzlich sämtliche Verwaltungsleistungen, bei denen ein zwingendes persönliches Erscheinen entbehrlich ist, zusätzlich zum digitalen Abruf bereitgestellt werden. Viele Kommunen arbeiten daran, rechtzeitig entsprechend internetfähige Portallösungen für ihre Verwaltungsleistungen aufzubauen, die teils über einen Portalverbund (vgl. § 2 OZG) mit Verwaltungsbehörden des Bundes und der Länder verknüpft werden. Da zahlreiche Verwaltungsleistungen eine Gebührenzahlung auslösen, sind dann zwingend auch digitale Bezahlmöglichkeiten seitens der jeweiligen Behörde zu eröffnen (z. B. als Abbuchungs-, Vorausüberweisungs- oder nötigenfalls Kreditkartenbezahlungsmöglichkeit)[76]. Dies festigt zwangsläufig den kassenrechtlich grundsätzlich zu realisierenden unbaren Zahlungsverkehr und etabliert gänzlich neue Sicherheitsmechanismen, weil ein Mittelzugriff von Sachbearbeitern bei korrekter Konfigura-

---

73 Da kategorisch auf nachrangige Barzahlungsvorgänge abzielend, überdies häufig unwirtschaftlich (jedenfalls begründungspflichtig im Hinblick auf § 93 Abs. 3 Variante 2 GemO) und tendenziell sicherheitskritisch.

74 Daraus folgte das grundsätzliche Verbot zur Annahme von Einzahlungen.

75 Vgl. VV Nr. 5 zu § 25 GemHVO (was konkret durch Dienstanweisung auszugestalten ist). Alleine die Vorschussbuchungspflicht löst zusätzlich sachbearbeitenden Aufwand aus, welcher ein weiteres Argument gegen eine solche Einrichtung bieten kann. Die in der VV ferner als notwendig genannten Höchstbetragsdefinitionen bergen zusätzliche versicherungsrechtliche Hintergründe (bis hin zu Fragen der sicheren Aufbewahrung in Geldkassetten oder Tresoren).

76 Beachtlich scheint insoweit das gemeinsame Portal vom Bund und der Mehrheit der Bundesländer via https://epaybl.de (zuletzt abgerufen am 30. April 2021). Dieses verspricht mehrere gewichtige Vorteile, insbesondere: Es handelt sich um eine öffentlich-rechtlich ausgestaltete Plattform. Weil gerade zu den staatlichen bzw. hier interessierenden kommunalen Leistungen der weit überwiegende Teil der Einnahmen öffentlich-rechtlicher Natur ist, ergibt dann auch die Anbindung über ein öffentlich-rechtliches Portal besonders Sinn. Ferner dürften sich die zugehörigen Schnittstellen aufgrund der breiten Unterstützung etablieren, individuelle Schnittstellenlösungen z. B. auf kommunaler Ebene scheinen damit tendenziell mittelfristig nicht länger notwendig.

tion gänzlich ausgeschlossen ist. Mithin besteht die berechtigte Hoffnung, dass bisher festzustellende manuelle Kassiertätigkeiten zu Zahlstellen merklich zurückgehen werden.

Allerdings: Werden für die Bürger Verwaltungsleistungen und notwendige Zahlungen künftig bequemer aus der Ferner zugänglich, bietet dies umgekehrt gänzlich neue Ansatzpunkte für digitale Angreifer. Dies ist ein Teilaspekt, warum insbesondere die Revision der Informationssicherheit (obwohl derzeit nicht gesetzlich als Aufgabe definiert) in stark zunehmendem Maße als strategisch bedeutsame Aufgabe der Rechnungsprüfungsämter anwachsen kann. Werden sodann weitere Zahlungsdienstleister für die Realisierung der Zahlbarmachung über digitale Plattformen zwischengeschaltet, erheben diese zudem Gebühren. Dies kann im Ergebnis das Gleichheitsgebot tangieren, denn die kommunale Kasse erhält dann trotz gleicher Gebührenfestsetzung zum jeweiligen Einzelvorgang möglicherweise im Endeffekt nicht den gleichen Betrag gutgeschrieben, je nachdem, welche Zahlungsvariante der Bürger auswählt. Deshalb und auch nach dem Wirtschaftlichkeitsgebot wird stets zu prüfen sein, ob die Kommune, sofern sie solchermaßen zwischengeschaltete Finanzdienstleister einbeziehen will, in der Folge die zugehörigen Gebühren nicht auf die Bürger (welche schließlich eine eigene Wahl eben zur Nutzung dieses Zahlungsmittlers treffen) umlegen muss. Jedenfalls zu ausgewählten Zahlungsmittlern wird dies, anteilig auch vor dem Hintergrund insbesondere des § 270a BGB, höchstrichterlich als zulässig erachtet[77], was sich über den Einnahmeerzielungsgrundsatz (§ 94 Abs. 2 Satz 1 GemO) wie den Wirtschaftlichkeitsgrundsatz (§ 93 Abs. 3, 2. Var. GemO) zu einer Pflicht verdichtet.

Beispiele zur Organisation der Gemeindekasse

1. Sachverhalt:

Mitarbeiter Meyer (M) ist bei der Gemeindekasse (G) beschäftigt. Neben diversen Buchführungsarbeiten verschickt er auch Mahnungen und leitet die Vollstreckung ein, sofern notwendig. Er hat sein Aufgabengebiet vor ca. 1 1/2 Jahren vom inzwischen pensionierten Beamten Manni Burgsmüller übernommen und verfährt genauso, wie dieser ihm damals alles erklärt hat. So verschickt er auch eine Mahnung an den säumigen Zahler Zacharias mit der Floskel

77 So explizit der vorsitzende Richter Thomas Koch zur Verhandlung beim BGH am 10. Dezember 2020 (vgl. dazu z. B. SZ Nr. 287 vom 11. Dezember 2020, S. 22). Vgl. zugehörig BGH, Urteil vom 25. März 2021 – I ZR 203/19.

Mit freundlichen Grüßen
im Auftrag:
Meyer (Unterschrift)

Dieser beschwert sich aus verschiedensten und hier nicht weiter interessanten Gründen[78]. Unter anderem behauptet er jedoch, M sei gar nicht zur Unterschrift „im Auftrag" befugt, da solch wichtige Tätigkeiten höherem Verwaltungspersonal wie mindestens dem Kassenverwalter wenn nicht gar dem Oberbürgermeister obliegen würden. In wessen Auftrag unterschreibt M?

Lösungsvorschlag:

Unter einer Mahnung wird allgemein die bestimmte und eindeutige Aufforderung des Gläubigers an den Schuldner verstanden, eine geschuldete Leistung zu erbringen[79]. Die Mahnung gehört (auch) nach Einführung der kommunalen Doppik zur Zahlungsabwicklung (siehe § 25 Abs. 2 Nr. 4 GemHVO) und stellt mithin ein Kassengeschäft i. S. v. § 106 Abs. 1 Halbsatz 1 GemO dar. Die Wahrnehmung der Kassengeschäfte obliegt nach § 106 Abs. 2 GemO grundsätzlich dem Kassenverwalter, welcher sie folglich kraft Gesetzes erledigt. M unterschreibt als diesem nachgeordneter Mitarbeiter folglich im Auftrag des Kassenverwalters. Zur Verdeutlichung: Hätte der Kassenverwalter selbst die Mahnung versandt, bedürfte es nicht des Zusatzes „im Auftrag"[80] – er zeichnet schlicht „Mit freundlichen Grüßen" und Unterschrift.

2. Sachverhalt:

Demnächst stehen in der Ortsgemeinde Klitzeklein (K) Wahlen zum Ortsbürgermeister an. Der derzeitige Ortsbürgermeister O würde gerne wiedergewählt. Um seine Erfolgsaussichten zu verbessern, möchte er als äußerst bürgerfreundlich auftreten. Er beantragt daher, dass ihm seitens der Verbandsgemeinde Größer (G) ermöglicht wird, von den Bürgern benötigte Unterlagen der Verbandsgemeindeverwaltung (z. B. beantragte Genehmigungen usw.) im Ort auszuteilen und die

78 Für Experten bietet sich als vertiefende Zusatzfrage an: Bedarf eine Mahnung überhaupt der Unterschrift? Nach Differenzierung privatrechtlicher (Stichwort: Willenserklärungen) und öffentlich-rechtlicher (Stichwort: einseitig ergehender Verwaltungsakt) Forderungen wird man dies letztlich in beiden Fällen mangels gesondertem Rechtsbindungswillen verneinen dürfen.

79 Vgl. statt vieler Ernst, in: MüKo-BGB, § 286 Rn. 49.

80 Sein Stellvertreter würde im Verhinderungsfalle grundsätzlich i. V., also in Vertretung und damit ebenfalls nicht im Auftrag unterschreiben.

dafür anfallenden Gebühren gleich bar zu kassieren. Wäre dies aus kassenrechtlicher Sicht zulässig?

(Anmerkung: Ausführungen zu personalrechtlichen Besonderheiten oder Vollstreckungsbeamten bedarf es nicht.)

Lösungsvorschlag[81]:

Nach dem Grundsatz der Einheitskasse (§ 106 Abs. 1 GemO) sind alle Kassengeschäfte, hier also auch die Annahme von Einzahlungen (siehe § 25 Abs. 2 Satz 1 Nr. 1 GemHVO), von der Gemeindekasse zu erledigen. Bei einer Verbandsgemeinde führt nur diese eine Kasse (§ 68 Abs. 4 Satz 1, Abs. 1 Satz 1 und Satz 2 Nr. 2 GemO). O ist kein Kassenbediensteter. Fraglich ist, ob zu seiner Person eine Zahlstelle und ggf. zusätzlich (in Bezug auf die dann vermutlich notwendige Vorhaltung von Wechselgeld) ein Handvorschuss eingerichtet werden könnte. Zu beiden Begriffen enthalten weder die GemO noch die GemHVO Regelungen. Maßgeblich ist insofern eine lokale Dienstanweisung, welche für besondere Verwaltungsbereiche oder Aufgaben bestimmte, d. h. genau definierte, Kassengeschäfte auch außerhalb der Räume der Gemeindekasse zulassen kann. Auch wenn diese hier unbekannt ist, darf diese grundsätzlich die Einrichtung einer Zahlstelle nur zu einer „Verwaltungsstelle" der Verbandsgemeindeverwaltung oder an deren Bedienstete erlauben. Beides ist O nicht (er ist vielmehr der juristischen Person Ortsgemeinde zugeordnet). Seine Idee wird deshalb zurückzuweisen sein (zumal sie sicherheitskritische Fragen aufwirft und ferner nicht zwingend eine wirtschaftliche Lösung aufzeigt). Bürgerfreundlich könnte sich sein Ansinnen allerdings zukünftig erweisen, wenn im Zuge der fortschreitenden Digitalisierung nach dem OZG die Bürger online bereits bei digitaler Antragstellung auch die zugehörigen Kosten direkt entrichten, sodass dann die Aushändigung der beantragten Dokumente oder Unterlagen bei nachgewiesener Vorkasse vom Ortsbürgermeister (jedenfalls bei entsprechender Bevollmächtigung) erteilt werden dürften, was wohl seinem Anliegen sogar noch besser gerecht würde, denn er zielt ja auf diesen Vorteil für die Bürger ab und nicht auf die Erlaubnis, selbst kassieren zu dürfen.

81 Vgl. OVG RLP, Urteil vom 5. Oktober 1982 – 7A 47/82 – juris.

3 Anordnungswesen

Zu den wichtigsten Aufgaben der Gemeindekasse zählen die Annahme von Einzahlungen und die Leistung von Auszahlungen (§ 25 Abs. 2 Satz 1 Nr. 1 und 2 GemHVO). Wie dargestellt, darf aus Sicherheitserwägungen die Gemeindekasse grundsätzlich nur auf Grundlage einer Kassenanordnung tätig werden. Deshalb hat das Thema des Anordnungswesens im Kassenrecht eine hohe Bedeutung.

3.1 „Anordnungszwang“[82]

Bereits § 106 GemO setzt das Kassenanordnungswesen voraus, anders ergäbe das Anordnungsverbot in dessen Absatz 5 keinen Sinn. § 25 Abs. 1 GemHVO spricht konkretisierend von Kassenanordnungen. Darauf aufbauend ist dann § 25 Abs. 3 Satz 1 GemHVO zu entnehmen, dass jeder **Zahlungsanspruch** und jede **Zahlungsverpflichtung** auf Grund und Höhe zu prüfen und festzustellen sind. Solche Feststellungen jedenfalls zu zahlungsrelevanten Vorgängen sind nach Unterschrift eines Anordnungsbefugten seit jeher Gegenstand einer **Kassenanordnung**. Schwieriger nachvollziehbar gestaltet sich, dass § 25 Abs. 1 GemHVO diese zahlungsrelevanten Vorgänge zugleich dem mit der Umstellung auf die kommunale Doppik in diesem Kontext unklaren und insofern gerade für Berufsanfänger verwirrenden Begriff der Zahlungsanweisung zusätzlich unterwirft[83]. VV Nr. 2 zu § 25 GemHVO stellt nunmehr jedoch klar, dass der Begriff der Kassenanordnung vorzugswürdig ist[84].

---

82 Wie bereits in der ersten Ausgabe dieses Werkes empfohlen, sollte seit der Umstellung auf die kommunale Doppik eine ausdrückliche Klarstellung (zum Begriff und zu den Abläufen) in der Dienstanweisung für die Kasse erfolgen (bestätigend VV Nr. 2 zu § 35 GemHVO, Ministerialblatt Nr. 2 vom 28. Februar 2017).

83 Der Begriff der Zahlungsanweisung wurde geschichtlich erstmals in der (nicht mehr gültigen) Postgiroordnung vom 5. Dezember 1984 explizit erwähnt und verdeutlicht, dass es sich seinerzeit um eine Anweisung zur Zahlung des bereits vom Girokonto abgebuchten Betrags an einen bestimmten Empfänger handelte. Dieser Begriff hat sich zum heutigen Begriff des Zahlungsauftrags fortentwickelt, was verdeutlicht, dass mit diesem immer eine Anweisung im Außenverhältnis gegenüber der Bank gemeint war. Mit dem kommunalen Kassenanordnungswesen rheinland-pfälzischer Prägung hat dies insofern unmittelbar nichts zu tun.

84 Bekanntgegeben durch Ministerialblatt Nr. 2 vom 28. Februar 2017.

Es gilt zu beachten, dass jeder Zahlungsvorgang zu erfassen und zu dokumentieren ist (§ 25 Abs. 2 Satz 2 GemHVO). Wiederholend ist auf das „Vier-Augen-Prinzip" sowie das **Trennungsprinzip** (§ 106 Abs. 5 GemO) zu verweisen, nach dem Kassenbedienstete keine Kassenanordnungen erteilen dürfen. Im Umkehrschluss folgt: Zuständig für die Anordnungserteilung sind also grundsätzlich die mittel- bzw. (doppischer Begriff) budgetverwaltenden Stellen (umgangssprachlich: die Fachämter bzw. -abteilungen).

Beispiele: Die notwendigen Auszahlungen für Sozialleistungsfälle ordnet z. B. die Sozialabteilung als budgetverwaltende Stelle an, anzunehmende Einzahlungen wie die Baugenehmigungsgebühren das Bauaufsichtsamt usw.

Merke: Die Gemeindekasse wird „nur" **ausführend** tätig – und dies eben auf Grundlage einer Kassenanordnung.

Nunmehr haben wir bereits bei den Aufgaben der Gemeindekasse kennen gelernt, dass sich darunter auch solche jenseits zahlungsrelevanter Vorgänge finden. Wenn aber die Gemeindekasse grundsätzlich nur auf Grundlage einer Kassenanordnung exekutiv tätig werden darf, stellt sich die Frage, welche weiteren Kassenanordnungen auch jenseits zahlungsrelevanter Vorgänge notwendig sind.

In ein zweites Anwendungsfeld fallen insoweit Kassenanordnungen, welche solche Buchungen veranlassen sollen, die zwar das Ergebnis in den Büchern ändern, aber nicht zu Zahlungen führen (**Buchungsanordnungen**, z. B. für Abschreibungen[85]).

Ein drittes Anwendungsfeld bilden die gegenständlichen Lieferungen an die oder von der Gemeindekasse auf der dann notwendigen Grundlage von **Ein- oder Auslieferungsanordnungen**.

Beispiel:

Mehrere Kommunen gründen eine GmbH, der als einheitlicher Datenzentrale die Aufgabe der Netzwerkeinrichtung und -wartung obliegen soll. Die für die Gründung der GmbH notwendige sog. Errichtungssatzung (d. h. der Gesellschaftsvertrag) soll bei einer der beteiligten Kommunen im Original sicher – d. h. im Tresor – aufbewahrt werden. Damit die den Tresor verwaltende Gemeindekasse aber diese Errichtungssatzung überhaupt annehmen darf (vgl. den Grundsatz

85 Selbst solche kannte bereits die damalige Kameralistik eingeschränkt konkret für kostenrechnende Einrichtungen nach § 12 GemHVO-alt.

vom Anordnungszwang), bedarf es einer Einlieferungsanordnung an die Gemeindekasse mit einer im Anhang beigefügten Errichtungssatzung.

In allen Fällen gilt: Die jeweilige Dienstanweisung muss lokal passgenaue Vorgaben enthalten.

Allgemeine Stichworte zu Kassenanordnungen:

- Zur Wahrung der Kassensicherheit sind grundsätzlich nur schriftliche Kassenanordnungen zulässig.
- Die Kassenanordnung stellt das Verbindungsstück zwischen dem Haushaltsplan und dessen Ausführung dar.
- Der Bürgermeister bzw. Landrat regelt die Anordnungsbefugnis (siehe § 25 Abs. 4 Satz 1 GemHVO in Verbindung mit einer Dienstanweisung), Beschränkungen sind möglich, z. B.
  - auf bestimmte Buchungsstellen,
  - bis zu bestimmten Beträgen usw.

Gibt es Ausnahmen vom Anordnungszwang?

Ist zu erkennen, dass eine Einzahlung ausdrücklich für die Gemeinde bestimmt ist, hat die Gemeindekasse diese ggf. auch ohne vorliegende Annahmeanordnung anzunehmen. Sie hat dann schnellstmöglich zu veranlassen, dass eine zugehörige Annahmeanordnung nachgereicht wird[86]. Kassenanordnungen in klassischer Form sind auch zu solchen Einnahmen entbehrlich, welche die Gemeindekasse selbst festsetzt, z. B. Mahngebühren für eine Mahnung. Aufbauend auf obigen Ausführungen ist wohl auch immer dann eine formale Anordnung obsolet, wenn kein Zahlungs**anspruch** bzw. keine Zahlungs**verpflichtung** der Kommune gegeben ist. Dies wäre z. B. bei irrtümlichen Einnahmen denkbar.

Beispiel:

Die Bürgerin wollte eigentlich die festgesetzte Einkommensteuer an das Finanzamt bezahlen, hatte versehentlich aber die IBAN der Kommune aus der vorangehenden Grundsteuerüberweisung übernommen, sodass es tatsächlich zur Gutschrift des Einkommensteuerbetrages auf dem kommunalen Bankkonto kommt. Für die bloße Rücküberweisung zu diesem offenkundigen Fehler kann dann eine Kassen-

86 Tipp für die Praxis: Beliebter Ansatzpunkt für Rechnungsprüfer. Diese schauen sich oft an, aus welchem Bereich regelmäßig keine bzw. verspätet Anordnungen vorgelegt werden. Häufig liegen dann jedenfalls zu beanstandende Verstöße gegen den Wirtschaftlichkeitsgrundsatz nahe.

auszahlungsanordnung obsolet sein[87]. Das Nähere müsste auch hier die Dienstanweisung der Kasse regeln[88].

3.2 Arten und Formen von Kassenanordnungen

Wie schon festgehalten, stellt § 25 Abs. 1 GemHVO maßgeblich auf den Begriff der Kassenanordnung ab. Im weiteren Verordnungstext wird allerdings nicht ausgewiesen, welche Arten und Formen von Kassenanordnungen zulässig sind. Hier bedarf es wiederum einer Klarstellung durch die unerlässliche Dienstanweisung für die Gemeindekasse. Zur umfangreichen Zuständigkeit der Gemeindekasse lassen sich folgende tradierte **Arten von Kassenanordnungen** benennen:

a) Zahlungsanordnungen

Sie berechtigen die Gemeindekasse, Zahlungen anzunehmen bzw. Auszahlungen zu leisten. Unterfälle:

- Annahmeanordnung,
- Auszahlungsanordnung[89] und ggf. zugehörige
- Änderungsanordnungen, namentlich
  - Absetzungsanordnung (wenn die Ein- bzw. Auszahlung bereits geflossen ist, vgl. § 13 Abs. 1 GemHVO),
  - Zugangsanordnung (betragserhöhend),
  - Abgangsanordnung (betragsmindernd)[90],

---

87 Praktisch kann es gleichwohl zu einer formalen Kassenanordnung kommen, insbesondere dann, wenn die konkret eingesetzte Finanzsoftware Auszahlungen (wie hier zur Rücküberweisung) immer nur systemseitig auf einer formalen Kassenanordnung vorsieht. Rechtlich könnte eine Auszahlungsanordnung in diesem Falle danach geboten sein, da es sich um eine Verpflichtung aus einer ungerechtfertigten Bereicherung i. S. v. § 812 Abs. 1 Satz 1 Variante 1 BGB handelt (wodurch die Feststellungspflicht gem. § 25 Abs. 3 Satz 1 GemHVO erfüllt ist). Dieser Aspekt kann weitergehend relevant werden, sofern die Kommune für solche Irrläufer generell eine Bearbeitungsgebühr für den bei der Gemeindekasse angefallenen Aufwand anteilig einbehält (vgl. zu abzugsfähigen Rückabwicklungskosten Schwab, in: MüKo BGB, § 812 Rn. 174).

88 Annex für langjährige Praktiker: Verwahr- bzw. Vorschussbuchungen zu solchen Vorgängen gibt es bewusst unter der kommunalen Doppik grundsätzlich nicht mehr. Heute sind vielmehr über die Konten Forderungen bzw. Verbindlichkeiten nach dem jeweiligen Kontenrahmenplan zu buchen (einzig in der Finanzrechnung gibt es für verbliebende Ausnahmefälle ein Konto „durchlaufende Posten").

89 Sonderfall: Auszahlungsanordnung für das Lastschriftverfahren.

90 Eine Zu- bzw. Abgangsanordnung setzt immer voraus, dass zuvor schon ein Betrag angeordnet war, vgl. VV Nr. 2.3 zu § 25 GemHVO.

- sowie speziell bei Einnahmen die Anordnungen für Stundungen (Änderung des Fälligkeitstermins), Niederschlagungen (Anpassung der Vollzugsbestimmung) oder Erlass („Aufhebung" der Zahlungspflicht).

b) Buchungsanordnungen

Wie gesehen, handelt es sich um schriftliche Anordnungen, Buchungen vorzunehmen, die das Ergebnis in den Büchern ändern und die sich nicht in Verbindung mit einer Zahlung ergeben.

Beispiele: Umbuchungen, Verrechnungen[91], Abschreibungsbuchungen, ggf. die Vormerkung[92].

c) Ein- und Auslieferungsanordnungen

Dies sind schriftliche Anordnungen, Wertgegenstände zur Verwahrung anzunehmen oder auszuliefern und die damit verbundenen Buchungen vorzunehmen[93].

Beispiel: Einlieferungsanordnung zur Errichtungssatzung der kommunalen Beteiligungs-GmbH, welche im Tresor der kommunalen Kasse aufbewahrt werden soll.

Diese Arten von Kassenanordnungen können in folgenden **Formen** ergehen:

- für *Einzelfälle*, Unterformen:
  - Einzelanordnungen (hier liegt ein konkreter Sachverhalt zugrunde, z. B. die Auszahlung eines ganz bestimmten Betrages für den Kauf eines Kunstwerks für das kommunale Museum)
  - Sammelanordnungen (auch hier liegt je ein konkreter Sachverhalt zugrunde, mehrere Empfänger bzw. Zahlungspflichtige lassen sich jedoch in einer formalen Kassenanordnung zusammenfassen, z. B. eine Sammelanordnung zu allen Beitragspflichtigen einer Straßenausbaumaßnahme)
  - Daueranordnungen (auf konkretem Sachverhalt sind für einen bestimmten Zeitraum regelmäßig wiederkehrend Beträge anzunehmen bzw. zu zahlen, z. B. eine Daueranordnung über das Gehalt

91 Gerade auch bei gemeinsamer Kassenführung im interkommunalen Kontext, beispielsweise durch regelmäßigen Abschluss der Verrechnungskonten (Forderungen versus Verbindlichkeiten) zwischen den getrennten Buchungskreisen der Kommune und eines Zweckverbandes, vgl. dazu Klomfaß, KKZ 2017, 4 ff. (30 ff.).

92 Teils lokal z. B. auch als Mittelbindung bezeichnet.

93 Diese Definition entstammt dem früheren § 6 Abs. 1 Satz 1 Nr. 3 GemKVO.

des Herrn Burgsmüller für die einzelnen Monate Januar bis Dezember des laufenden Jahres[94])

- als **allgemeine (Zahlungs-)Anordnungen**[95], teilweise auch bekannt als „abgekürzte“ Kassenanordnungen:

  Ausgehend von dem Regelfall, dass für vorstehende Geschäftsvorfälle ein Anordnungsformular mit gewissen Pflichtinhalten zu befüllen ist, wird bei der allgemeinen (Zahlungs-)Anordnung aus Vereinfachungsgründen auf bestimmte Inhalte verzichtet. Denkbar wäre letztlich für besonders kleine Verwaltungseinheiten sogar der gänzliche Verzicht auf ein Anordnungsformular durch Ersatz mittels eines entsprechenden Stempelaufdrucks auf der Eingangsrechnung[96]. Sie können ohne zeitliche Begrenzung auf Dauer erteilt werden, nachträglich sind dann die sachliche und rechnerische Richtigkeit feststellen zu lassen.

  Beispiele: Kontoführungsgebühren der Stadtkasse (im Voraus steht der genaue Betrag nicht fest), die seltenen Büromaterialbeschaffungen des Schulsekretariats (welches nicht an die kommunale Finanzsoftware angebunden ist).

Neben (überwiegend technischen) Vorgaben durch das jeweils verwendete Finanzprogramm müssen auch zu den Formen nähere Regelungen via Dienstanweisung ergehen.

Ausblick: Sind Auszahlungsanordnungen bereits mit dem Bestellvorgang möglich?

Im Zuge der Umstellung auf die kommunale Doppik haben gerade größere kommunale Kassen sinnvollerweise auf einen **zentralen Rechnungseingang** (optimalerweise mit rein digitalen Abläufen, passgenau

94 Hinweis: Oft wird noch feiner unterteilt. Der vorstehende Fall würde dann als Jahresanordnung bezeichnet, weil gleichbleibende Beträge zu – hier monatlichen – Fälligkeiten innerhalb eines Jahres erfasst wären, wohingegen Daueranordnungen Fälle beträfen, bei denen über ein Jahr hinausgehende Buchungen betroffen seien (vgl. Fachverband der Kommunalkassenverwalter [Hg.], Handbuch für das Kassen- und Rechnungswesen, Kapitel 5.4, S. 6).

95 Auch hier sei der Sonderfall allgemeiner Auszahlungsanordnungen für das Lastschriftverfahren lediglich der Vollständigkeit halber erwähnt.

96 Denkansatz für Praktiker: Kommt diese Variante ggf. wieder in der kommunalen Doppik verstärkt zum Einsatz – Stichwort: zentrale Belegerfassung? Dann allerdings im digitalen Umfeld, also allenfalls durch virtuellen Stempeleinsatz.

zur **XRechnung**[97]) umgestellt[98]. Danach werden im Rahmen der Vergabe bereits über entsprechende Passagen im Vertragstext die kommunalen Auftragnehmer dazu verpflichtet, einzig bei dieser zentralen (digitalen) Adresse Rechnungen einzureichen, optimalerweise unter verpflichtender Angabe eines individuellen Referenzzeichens (wie z. B. einer fallspezifischen Mittelbindungsnummer[99]). Üblicherweise werden die ab dem zentralen Rechnungseingang digitalen Prozessabläufe so vorgesehen, dass die dortigen Mitarbeiter (der Buchhaltung) die eingegangenen Rechnungen buchhalterisch professionell vorerfassen und intern an die budgetverwaltenden Stellen zur formalen Erteilung (der dann ebenfalls ausschließlich digitalen) Kassenauszahlungsanordnung weiterleiten. Effizienterweise wird dabei auf eine frühere **Vormerkung (bzw. Mittelbindung)** referenziert. Denn sinnvollerweise wird bereits – seitens der budgetverwaltenden Stelle – bei Erteilung von Aufträgen eine solche Vormerkung (bzw. Mittelbindung) im Finanzsystem erfasst, um zugehörige Haushaltsmittel zu absehbar kommenden Zahlungspflichten passgenau verfügbar zu halten. Dadurch werden die budgetverwaltenden Stellen aber (mindestens) zwei Mal mit Buchungsvorgängen im Finanzsystem konfrontiert, was Personal jenseits der dortigen Kernaufgaben bindet und Fehlerpotential birgt. Könnte deshalb nicht bereits bei der Erfassung der Vormerkung (bzw. Mittelbindung) zum Zeitpunkt der Beauftragung gleich auch die absehbar folgende Kassenauszahlungsanordnung ergehen?

Ein Beispiel zur Veranschaulichung: Die kommunale Straßenverkehrsbehörde hat nach ordnungsgemäßer Ausschreibung einen Rahmenvertrag mit einem größeren Händler zur Lieferung spezifischer Fahrbahnmarkierungsfarbe abgeschlossen. Aus diesem über z. B. drei Jahre laufenden

---

97 Kern der XRechnung bildet ein strukturiertes PDF, welches eben nicht als bloß gescannte Bilddatei sondern zur direkten Datenweitergabe plattformübergreifend eingesetzt wird. Dies bedeutet konkret, dass die relevanten Rechnungsdaten (wie Betrag, Leistungszuordnung, Rechnungsdatum, Steuerkennzeichen usw.) direkt medienbruchfrei in das Buchführungssystem des Rechnungsadressaten überführt werden, was Bearbeitungsaufwände (auf beiden Seiten) wie (Übertragungs-)Fehlerquoten enorm reduziert. Der abgestimmte Standard der XRechnung entspricht den EU-Vorgaben und trägt damit auch zu Vereinfachungen bei länderübergreifenden Vertragsverhältnissen bei. Ferner erweist er sich als besonders sicher, da Open-Source-basiert (vgl. zur Vorzugswürdigkeit von Open-Source-Produkten gerade für die öffentliche Hand Klomfaß, kes 2019, 34 ff.).

98 Optimalerweise wiederum verbunden mit einem zentralen Katalogeinkauf (jedenfalls zur Beschaffung regelmäßig notwendiger Güter), um dadurch Mengenrabatte auszunutzen und weitere Vorteile durch die unmittelbar digitale Verknüpfung zur eVergabe zu generieren (Ermittlung des Mengengerüstes direkt aus tatsächlich erfolgten Abrechnungen der Buchführung).

99 Was zu Rückgabeoptionen ohne jede Bearbeitung führen kann, sofern sich Auftragnehmer dem bewusst sind bzw. mehrfach nicht unterwerfen, wodurch sich in aller Regel sehr schnell ein Umdenken herbeiführen lässt.

Rahmenvertrag werden nun monatlich konkrete Abnahmemengen abgerufen. Beispielsweise würden im Februar 20 Farbtonnen im Rahmen eines separaten Bestellvorgangs abgerufen, im April 50, im Juni 30 etc. Sofern ordnungsgemäß geliefert wird, stehen damit aber aufgrund der geschlossenen Verträge schon zum Zeitpunkt des konkreten Bestellvorgangs sämtliche zahlungsrelevanten Daten fest, die für eine Kassenauszahlungsanordnung notwendig sind[100]. Auch wenn zu diesem Zeitpunkt außenwirksam noch keine endgültige Verpflichtung zur Zahlung bestehen mag (ab welchem spätestens eine Kassenanordnung notwendig ist, vgl. § 25 Abs. 3 Satz 1 GemHVO), weil die Bedingung ordnungsgemäßer Lieferung noch nicht erfüllt ist, spricht nichts dagegen, intern bereits die bedingte Kassenauszahlungsanordnung zu erstellen und auch über die kommunale Kasse zu buchen. Dies würde aber voraussetzen, dass das Finanzprogramm Bedingungen überhaupt verarbeiten kann, also z. B. durch Bestätigung (beispielsweise durch Setzen eines Hakens) des zur Annahme der Ware befugten Bediensteten vor Ort automatisch der Zahlungsvorgang in Rede einer Überweisung an den Rechnungssteller ausgelöst wird. Vermutlich wird dies in vielen Fälle jedoch eine kostenintensive Anpassung des Finanzprogrammes notwendig machen. Diese ist aber gar nicht nötig, wenn das Regel-Ausnahmeverhältnis an dieser Stelle umgedreht wird. So könnte der Prozesslauf zu standardmäßigen (insbesondere regelmäßig wiederkehrenden) Beschaffungen dergestalt umgestellt werden, dass zu diesen immer gleich mit der (digitalen) Bestellung auch die Kassenauszahlungsanordnung (bedingungslos) erlassen und seitens der kommunalen Kasse mit dem vertraglich bestimmten Fälligkeitsdatum gebucht wird. Einzig in den wenigen Ausnahmefällen, bei denen es einmal nicht zur ordnungsgemäßen Lieferung kommt (beispielsweise, wenn eine der abgerufenen Farbtonnen beschädigt oder mit falschem Farbton ankommt bzw. versehentlich statt im April 50 abgerufener tatsächlich nur 30 Farbtonnen eingingen), müsste der zugehörig singuläre Auszahlungsvorgang (durch manuellen Sachbearbeitereingriff) gestoppt werden. Dieses Vorgehen ist auch deshalb anstrebenswert, weil im (Rahmen-)Vertrag konkrete Sicherungsrechte für solchermaßen denkbare Fehllieferungen vorzusehen sind, sodass selbst bei versehentlich doch erfolgter Einzelzahlung kein (schlimmstenfalls insolvenzrechtlicher) Haftungsfall entstehen kann.

100 Insbesondere sind in den Verträgen explizite Regelungen zu Fälligkeitsbestimmungen nach erfolgter Lieferung geboten, um der Liquiditätsplanung nach § 93 Abs. 5 Satz 1 GemO überhaupt gerecht werden zu können. Umgekehrt ergeben sich aus diesem Vertrag auch konkrete Lieferfristen – der reguläre Bedingungseintritt ist damit kalendermäßig kalkulierbar.

Fazit: Der empfohlene Prozesslauf führt dazu, dass zum Regelfall der ordnungsgemäßen Lieferung nur noch ein Buchführungsvorgang bearbeitet werden muss. Auch sicherheitsrechtlich besteht geringeres Fehlerpotential.

Dieses Vorgehen wird in der Zukunft noch viel mehr zum Tragen kommen, wenn sich – ähnlich z. B. wie zum Logistikbereich – auch im Behördenumfeld verstärkt erste Umstellungen des Internet of Things (IoT) etablieren, bei denen Warenlieferungen aufgrund integrierter RFID-Sender-Empfängersysteme[101] mit (teil-)automatisierter Scannererfassung (auf Funktechnik) bei der Warenannahme direkt Buchungs- und damit nachgelagerte Zahlungsvorgänge vollautomatisiert auslösen (bis hin zu blockchainbasierten Smart Contracts).

3.3 Mindestinhalte von Kassenanordnungen und Abläufe

Bevor erläutert wird, wie der Gemeindekasse vorgelegte Kassenanordnungen zu behandeln sind, müssen zunächst deren Mindestinhalte vorgestellt werden. Ausdrücklich landesrechtlich vorgeschrieben sind sie seit der Umstellung auf die kommunale Doppik nicht. Auch hierzu bedarf es konkreter Regelungen in der lokalen Dienstanweisung. Ausgehend von den bisherigen praktischen Notwendigkeiten sind am Beispiel einer Zahlungsanordnung anzugeben:

- Ausdrückliche Bezeichnung der Gemeindekasse[102],
- der anzunehmende bzw. auszuzahlende Betrag,
- Grund der Zahlung,
- der Zahlungspflichtige bzw. Empfangsberechtigte,
- der Fälligkeitstag,
- die Buchungsstelle(n), zu Einnahmen das Kassenzeichen zur eindeutigen Kennzeichnung des Einzelfalles[103] und das Haushaltsjahr,
- Bestätigung der sachlichen und rechnerischen Richtigkeit,

101 RFID steht für radio-frequency identification. Es handelt sich letztlich um kleine Funkchips, die mit der Ware verbunden werden und über den gesamten Transportweg funkbasiert wie ereignisgesteuert verfolgt werden können. Ein wichtiges Ereignis ist dabei der Wareneingang bei der Kommune als Kundin (mit rechtlichem Gefahrübergang), welcher im hier relevanten Falle den Buchführungsvorgang automatisch auslöst.

102 Vgl. Fachverband der Kommunalkassenverwalter (Hg.), Handbuch für das Kassen- und Rechnungswesen, Kapitel 5.4.3, S. 8.

103 So auch VV Nr. 1.3.3 zu §§ 70 ff. LHO, einschlägig über Nr. 7 der VV zu § 25 GemHVO.

- Datum der Anordnung,
- Unterschrift des Anordnungsberechtigten.

Anschauungsbeispiel[104]

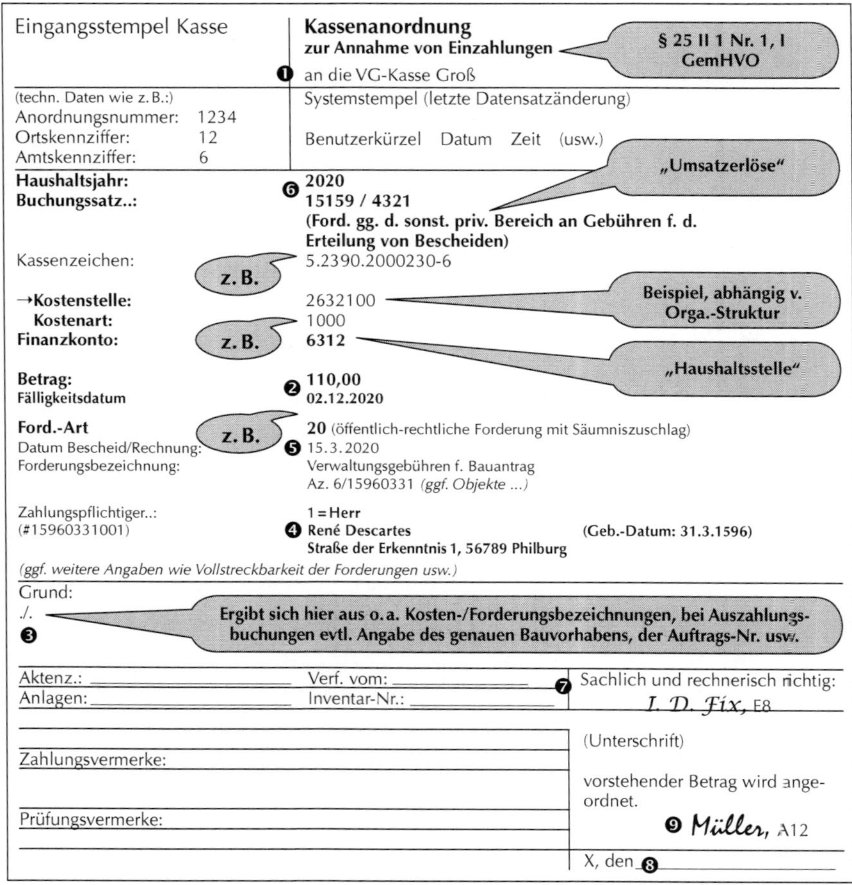

Eingangsstempel Kasse

Kassenanordnung
zur Annahme von Einzahlungen
❶ an die VG-Kasse Groß

(techn. Daten wie z. B.:)
Anordnungsnummer: 1234
Ortskennziffer: 12
Amtskennziffer: 6

Systemstempel (letzte Datensatzänderung)
Benutzerkürzel Datum Zeit (usw.)

Haushaltsjahr: ❻ **2020**
Buchungssatz..: **15159 / 4321**
(Ford. gg. d. sonst. priv. Bereich an Gebühren f. d. Erteilung von Bescheiden)

Kassenzeichen: 5.2390.2000230-6

→**Kostenstelle:** 2632100
Kostenart: 1000
Finanzkonto: **6312**

Betrag: ❷ **110,00**
Fälligkeitsdatum **02.12.2020**

Ford.-Art **20** (öffentlich-rechtliche Forderung mit Säumniszuschlag)
Datum Bescheid/Rechnung: ❺ 15.3.2020
Forderungsbezeichnung: Verwaltungsgebühren f. Bauantrag
Az. 6/15960331 *(ggf. Objekte ...)*

Zahlungspflichtiger..: **1 = Herr**
(#15960331001) ❹ **René Descartes** **(Geb.-Datum: 31.3.1596)**
Straße der Erkenntnis 1, 56789 Philburg

(ggf. weitere Angaben wie Vollstreckbarkeit der Forderungen usw.)

Grund:
./.
❸

Aktenz.: ____ Verf. vom: ____ ❼ Sachlich und rechnerisch richtig:
Anlagen: ____ Inventar-Nr.: ____ I. D. Fix, E8

(Unterschrift)

Zahlungsvermerke:

vorstehender Betrag wird angeordnet.

Prüfungsvermerke:

❾ Müller, A12

X, den ❽

Erläuterung zu ausgewählten Pflichtinhalten:

- Der **Zahlungspflichtige** bzw. **Empfangsberechtigte** muss nicht nur benannt, sondern auch zweifelsfrei zu identifizieren sein, d. h. er muss regelmäßig mit vollstreckungs- und damit zustellfähiger Adresse erfasst werden. Dies ist gerade hinsichtlich später denkbarer Vollstreckungsmaßnahmen unbedingt erforderlich. Weil dabei die Vollstre-

104 Es handelt sich ausdrücklich nicht um ein verbindliches Muster.

ckung, wie später noch ausführlich zu sehen sein wird, maßgeblich auf dem sog. Grund-Verwaltungsakt[105] aufbaut, hat diese Anforderung Auswirkungen auf die Bescheidadressierung (beim budgetverwaltenden Amt) selbst[106].

- Wirtschaftliche Bedeutung kommt der eindeutigen Benennung des **Fälligkeitstages** zu. Bei Auszahlungsanordnungen bildet dieser z. B. die Grundlage eines Skontoabzuges. Auf der Einnahmenseite richten sich nach ihm die evtl. notwendigen weiteren Schritte der Mahnung oder Vollstreckung. Bei Einnahmen gilt daher die Empfehlung an die budgetverwaltenden Organisationseinheiten: Bereits im Bescheid ist möglichst explizit ein Fälligkeitstag anzugeben[107]. Fehlerträchtige Bescheidformulierungen wie „... zahlbar innerhalb von 14 Tagen nach Zustellung dieses Bescheides" oder (noch schlimmer) „... nach Bestandskraft" sind zu vermeiden.
- Stets ist gem. § 25 Abs. 3 Satz 1 GemHVO zu bestätigen, dass die **sachliche und rechnerische Feststellung** vorliegt[108]. Wozu dient jedoch diese Feststellung? Der Bestätigende trägt die Verantwortung dafür, dass
  - die Kassenanordnung vollständig und richtig ist[109],
  - Abschlags-, Vorauszahlungen sowie ggf. Pfändungen und Abtretungen berücksichtigt wurden,
  - insbesondere der Wirtschaftlichkeitsgrundsatz eingehalten ist und
  - Haushaltsmittel verfügbar sind.

105 Regelmäßig nach § 35 Satz 1 VwVfG, § 1 Abs. 1 LVwVfG.

106 Das in der Praxis hinzukommende bedeutsame Erfordernis der eingesetzten Finanzsoftware, Redundanzen (d. h. Datendubletten) zu vermeiden, sei hier nur angedeutet. Unter diesem Gesichtspunkt sind weitere, die jeweilige Person eindeutig kennzeichnende Merkmale wie z. B. das Geburtsdatum überaus wichtig. Schließlich wird nur dann, wenn zu jeder Person ein einziger Datensatz vorhanden ist, die moderne Bürgerverwaltung, mittels z. B. einer über das Internet verschlüsselt abrufbaren „Bürgerakte", realisierbar.

107 Dies spielt zusätzlich auch eine Rolle für die Prüfung von Aufrechnungslagen und die Liquiditätsplanung der Gemeindekasse. Zusätzlich empfiehlt sich stets schon bei Bescheidung die Prüfung, ob ggf. das Verlangen von Vorkasse zulässig wäre, was jedenfalls bei vielen antragsgebunden entstehenden Gebührentatbeständen zulässig ist. Vgl. zur Festlegung des Fälligkeitsdatums in Leistungsbescheiden Klomfaß, KKZ 2018, 177 ff.

108 Gemäß VV Nr. 7 zu § 25 GemHVO ist für die Feststellung der sachlichen und rechnerischen Richtigkeit die Nr. 1 der VV-LHO, Bestimmungen zu den §§ 70 bis 80 LHO, maßgebend.

109 Sowohl materiell-rechtlich hinsichtlich eines gegebenen Rechtsgrundes wie auch bezüglich der formalen Einhaltung haushaltsrechtlicher Vorgaben (z. B. zu Ausschreibungspflichten).

Die sachliche Richtigkeit darf dabei nur bescheinigen, wer den zugrunde liegenden Sachverhalt überblicken und beurteilen kann[110]. Die rechnerische Richtigkeit umfasst die Richtigkeit der zugrunde liegenden Sätze aus Vorschriften, Verträgen, Tarifen etc[111]. Teilbescheinigungen sind zulässig, z. B. technisch oder medizinisch richtig. Verständlicherweise sind Feststellungen in eigenen Angelegenheiten bzw. für Angehörige verboten (§ 68 Abs. 1 LBG). Die Unterschriftsbefugnisse sind der Gemeindekasse nachzuweisen, § 25 Abs. 4 Satz 1, Abs. 3 Satz 2 GemHVO.

- Davon abzugrenzen und zwingend personal zu trennen ist die **Anordnungsbefugnis**. Sie bindet den für den betroffenen Aufgabenkreis Verantwortlichen mit ein. So obliegt gem. § 47 Abs. 1 Satz 2 Nr. 3 GemO dem Bürgermeister die laufende Verwaltung. Dies umfasst logischerweise die Kompetenz, die Gemeindekasse aus dieser Aufgabenzuweisung heraus anzuordnen, z. B. notwendige Zahlungen zu veranlassen. Mit der Anordnungsbefugnis für bestimmte Mitarbeiter – meist die Abteilungs-/Amtsleiter – delegiert der Bürgermeister lediglich Unterschriftsbefugnisse. Der Anordnungsbefugte zeigt mit seiner Unterschrift folglich, dass er die Kompetenz besitzt, aus seinem Aufgabenbereich heraus wirksam Maßnahmen der Gemeindekasse zu veranlassen (wie z. B. die Leistung einer Auszahlung). Aus diesem Grunde versteht sich, dass der Gemeindekasse die erteilten Anordnungsbefugnisse nebst Unterschriftsprobe schriftlich nachzuweisen sind. Vom Trennungsgrundsatz (§ 106 Abs. 5 GemO) ist überdies schon bekannt, dass Bediensteten der Gemeindekasse inklusive des Kassenverwalters aus Sicherheitsgründen keine Anordnungsbefugnis erteilt werden darf. Die anordnungsbefugte Person bestätigt mit ihrer Unterschrift zudem, dass keine offensichtlich erkennbaren Fehler enthalten sind sowie die sachlich und rechnerische Feststellung von einer zuständigen Person ausgeübt wurde (vgl. VV Nr. 1.2.2.8 zu § 70 ff. LHO).
- Bezüglich der zu verwendenden **Buchungsstelle(n)** ist weiterführend aus Raumgründen auf das Haushaltsrecht zu verweisen. An dieser Stelle erkennt man jedoch gut, dass es neben der Buchung auf Bestands- und Erfolgskonten der kommunalen Doppik zusätzlich einer Buchung auf ein Finanzkonto (bei zahlungsrelevanten Vorgängen) bedarf. Daraus erklärt sich die schon mehrfach angeklungene hohe Bedeutung der Finanzrechnung. Ergänzende Buchungen für die Kosten- und Leistungsrechnung (sog. internes Rechnungswesen) kommen ggf.

110 Dies ist im Umkehrschluss aus § 25 Abs. 5 Satz 2 GemHVO zu folgern.
111 Bei Änderungen ist zu vermerken „rechnerisch richtig mit XXX €".

hinzu. In weiten Teilen maßgeblich sind auch diesbezüglich lokale Vorgaben, insbesondere zum lokal konkret anzuwendendem Konten- und Produktplan.

Weitere Inhalte sind (freiwillig) möglich, so z. B. die für die Vollstreckung entscheidende Angabe der Forderungsart[112].

Auch die begründenden Unterlagen gehören zur Kassenanordnung[113]. Der Verzicht auf diverse Pflichtangaben bei allgemeinen (Zahlungs-)Anordnungen, Abweichungen bei Buchungs- oder Ein- bzw. Auslieferungsanordnungen wären in der Dienstanweisung für die Kasse vorzugeben, was ohnehin wegen des direkten Zusammenhanges mit den obigen Ausführungen zum Anordnungszwang zu regeln wäre.

Beispiel der Mindestinhalte einer Auslieferungsanordnung

Auslieferungsanordnung

Haushaltsjahr [Jahr] Erfass-Nr. [lfd. Nr.]

Die Verbandsgemeindekasse Groß in [Ort] wird angewiesen,
(Bezeichnung des Wertgegenstandes, z. B.)

die Bürgschaft der Bank Y [Adresse]

für die (Bau-)Maßnahme: Straßenausbau Baugebiet „Schöneneuewelt"

an
(Name des Empfängers, z. B. Firma Z [Adresse])

auszuliefern.

Höhe des Wertgegenstandes: [Betrag in €]

[Ort], TT.MM.JJJJ

sachlich und rechnerisch richtig:	Anordnungsberechtigter:
______________________	______________________
[Name, Amtsbezeichnung]	[Name, Amtsbezeichnung]

112 Soweit solche notwendigen Informationen nicht bereits aus anderen Datenfeldern generiert werden können, z. B. anteilig aus Ziffern des verwandten Kassenzeichens o. Ä.

113 Vgl. Fachverband der Kommunalkassenverwalter (Hg.), Handbuch für das Kassen- und Rechnungswesen, Kapitel 5.4.3, S. 8.

> Vermerke der Kasse:
>
> Obiger Wertgegenstand wurde per Einschreiben an den vorgenannten Empfänger übersandt.
>
> [Ort], [Datum]
>
> Verbandsgemeindekasse Groß
> [Zeichen Kassenmitarbeiter]

Die früher explizite Regelung ist heute jedenfalls aus den **Grundsätzen ordnungsmäßiger Buchführung** (**GOB**) sowie aus § 25 Abs. 3 Satz 1 GemHVO abzuleiten, dass Kassenanordnungen **unverzüglich** zu erteilen sind. Dem kommt in mehrfacher Hinsicht Bedeutung zu:

- Ermöglichung automatisierter Istverbuchung,
- Vornahme von Aufrechnungen,
- vollständige Übersicht aller Offenstände (z. B. wichtig bei Insolvenzen),
- schnellere Forderungsrealisierung durch zeitnahe Mahnungen/Vollstreckungen,
- bessere Liquiditätsplanung,
- etc.

Daraus folgt, dass z. B. Auszahlungen nicht erst bei Erreichen (oder gar Überschreiten) des Fälligkeitstermins angeordnet werden, sondern schon bei Rechnungseingang, ggf. sogar schon bei Auftragserteilung[114]. Dies galt zwar schon seit jeher, findet jetzt in der kommunalen Doppik jedoch verstärkt Gehör und ist oftmals der entscheidende Grund für die evtl. Umstellung auf einen sog. zentralen Rechnungseingang, womöglich verbunden mit einer teilweise fragwürdigen[115] sog. Vorkontierung[116]. Diese zeitnahe Erfassung insbesondere von Zahlungsansprüchen bzw. -verpflichtungen z. B. schon im Stadium der Auftragserteilung dient überdies dazu, tagesaktuell den Überblick über Erfolgs- wie Bestandskonten und damit über die tatsächliche wirtschaftliche Lage zu behalten.

---

114 Vgl. dazu bereits ausführlich den Ausblick auf S. 52 ff.

115 Wenn bereits die Auftragserteilung (meist eine Bestellung, welche häufig von der jeweiligen Finanzsoftware unterstützend verarbeitet wird) zur Bindung von Haushaltsmitteln führt (vgl. auch Stichwort Vormerkung), stellt grundsätzlich die Verpflichtung zu einer obligatorischen Vorkontierung einen zusätzlichen Zwischenschritt dar, der ggf. vermeidbar ist. Führt eine Bestellung zur Mittelbindung, entfällt danach die Pflicht zur separaten Vorkontierung.

116 Siehe z. B. Sturme, KKZ 2008, 241 (245), dort § 4 Abs. 2 Satz 2 Muster-DA.

Wie greifen diese allgemeingültigen Vorgaben nun bei **digitalen Prozessen**?

Selbstverständlich ergehen ob der schieren Masse allein der unterjährigen Kassenanordnungen diese bei modernen Kommunalverwaltungen nicht in Papierform, sondern unter Einsatz spezifischer Finanzsoftware in digitaler Form. Beispielsweise die Pflichtangaben zur einer Auszahlungsanordnung sind dann ebenso im digitalen Formular zur Kassenanordnung zu erfassen, kassenrechtlich zu bearbeiten (unter Beteiligung insbesondere auch der zugeordneten Buchhaltung) und über die verpflichtenden Aufbewahrungsfristen digital zu archivieren. Schon dazu bietet der digitale Prozess Vorteile. Beispielsweise wird so vorgesteuert, dass ein Haushaltssachbearbeiter der Bauabteilung überhaupt nur Buchungskonten bzw. Produkte eben der Bauabteilung auswählen kann, der Haushaltssachbearbeiter des Ordnungsamtes eben solche wiederum nur vom Ordnungsamt usw. Ferner können – auf Grundlage seitens des Oberbürgermeisters bzw. Landrates erteilter Befugnisse – überhaupt im Finanzprogramm nur solche Personen als Haushaltssachbearbeiter bzw. Anordnungsbefugter Buchungsvorgänge auslösen, denen auf Grundlage der formalen Berechtigungserteilung im System entsprechende Zugänge über das Rechte- und Rollenkonzept[117] eingerichtet wurden. All dies dient bereits weitgehend der Entlastung[118], Fehlerminimierung sowie dem Ausschluss von Manipulationsmöglichkeiten.

Insofern können aber über die inhaltlichen Pflicht- bzw. Mindestinhalte weitere technische Anforderungen hinzutreten. Angedeutet ist dies im vorstehenden Muster einer Auszahlungsanordnung beispielsweise über den dort angegebenen Systemzeitstempel oder die (technischen) Kürzel

117 Weil die Befugniserteilung regelmäßig von Abteilung 1 bzw. dem Hauptamt verwaltet wird, bietet es sich an, dass die dortigen Sachbearbeiter gleich das entsprechende Rechte- und Rollenkonzept in der Finanzsoftware pflegen. Eine weitergehend arbeitsaufwändige Trennung in die formale Befugnisverwaltung wie zugehörig (überwiegend technische) Rechtevergaben in der Finanzsoftware entfiele damit gänzlich – mit weiteren Vorteilen. Beispielsweise kann es danach nie zu einem zeitlichen Delta zwischen erteilter bzw. insbesondere entzogener Befugnis (Abteilung 1 bzw. Hauptamt) und der technischen Umsetzung in der Finanzsoftware (Abteilung 2 bzw. Amt für Finanzen, ggf. i. V. m. der Datenzentrale) kommen. Außerdem könnte so Personalwechsel (mit notwendig einhergehend veränderten Berechtigungen) zeitnah und genauer nachvollzogen werden, weil auch die Personalverwaltung bei Abteilung 1 bzw. dem Hauptamt verortet ist. Will heißen: Dass Personen möglicherweise noch lange Zeit nach erfolgten Stellenwechseln alte Zugriffsrechte besitzen, kann es damit grundsätzlich nicht mehr geben. Vorteile stellen sich besonders dann ein, wenn die Rechte- und Rollenkonzepte an Stellen, nicht jedoch an konkreten Einzelpersonen grundlegend anknüpfen.

118 Beispielsweise entfällt dadurch bei der kommunalen Kasse weitgehend die bis dato manuelle Prüfpflicht, ob die anordnende Person dazu überhaupt berechtigt ist (Ausnahme z. B.: Kontrollen bei Personalwechseln).

zu Benutzer, Verwaltungsbereich oder Ortskennziffer bzw. Buchungsbereich. Dies macht eindeutige lokale Vorgaben wiederum via Dienstanweisung notwendig. Klar ist, dass nur die digitalen Formulare, welche im Finanzprogramm abschließend vorgehalten werden, benutzt werden können. Zusätzlicher Regelungsbedarf stellt sich jedoch insofern ein, wer die Berechtigung hat, zu diesen Änderungen vorzunehmen, wie diese protokolliert und über die Aufbewahrungspflichten dokumentiert werden usw. Ferner sind durchaus umfangreiche Regelungen notwendig, wie mit den digital vorzuhaltenden Belegen zu verfahren ist, welche die jeweilige Kassenanordnung begründen. So ist es insbesondere bei Vorhaltung eines zentralen Rechnungseingangs sinnvoll, bereits im Rahmen der Beauftragung bzw. des konkreten Vertragsschlusses die Lieferanten zu verpflichten, ausschließlich per digitaler (nicht: elektronischer) Rechnung (vgl. o. a. Ausführungen zu XRechnung) unmittelbar gegenüber dieser internen Stelle abzurechnen. Damit sind dann aber zweifelsfreie lokale Regelungen zwecknotwendig (insbesondere auch aus der Perspektive der Kassensicherheit), wie diese digitalen Informationsflüsse konkret abzulaufen haben, wer welche Zugriffsberechtigung erteilt bzw. erhält, wie z. B. Mehrfachein- bzw. -überspielungen möglichst effektiv unterbunden werden können usw. Auf diese Weise lässt sich für den überwiegenden Teil der Rechnungssteller vermutlich auch tatsächlich auf digitale Rechnungen umstellen, zumal diese den jeweiligen Rechnungssteller selbst entlasten, aber: nicht zu allen. Insbesondere von Kleinunternehmern (grundsätzlich bis zur Schwelle von 1.000 Euro) sowie von Bürgern werden weiterhin Abrechnungen in Papierform eingehen. Diese sind dann ggf. zu scannen. Zu den Scanvorgängen bis hin zur Einstellung der Scandateien in das Portal des zentralen Rechnungseingangs bedarf es dann aber nochmals umfassenderer Detailregelungen. Beispielesweise zu Zuständigkeiten, wer überhaupt scannen darf, dass in Farbe so einzuscannen ist, dass z. B. auch Rötungen im papierenen Original in der Scandatei zweifelsfrei nachvollziehbar bleiben, oder Regelungen zu Sonderformaten – beispielsweise eine Rechnung mit beigefügten Planskizzen im DIN-A2-Format – sind unerlässlich.

Letztlich können sich bei rein digitalen Prozessen zum Kassenanordnungswesen gänzlich neue Fragen zur Interpretation der dargestellten Mindest- bzw. Pflichtinhalte stellen, namentlich zu den **Unterschriftserfordernissen**. Gerade in den Anfangszeiten der Umstellung des Kassenanordnungswesens auf digitale Abläufe wurde argumentiert: Wenn bzgl. der Feststellung der sachlichen und rechnerischen Richtigkeit oder als anordnungsbefugte Person Verpflichtungen entstehen (auch aus etwaig haftungsrechtlichen Gründen), eine Unterschrift zu leisten, führe dies im digitalen Umfeld notwendig dazu, dass an deren Stelle qualifizierte elektronische Signaturen (vgl. § 126a Abs. 1 BGB) anzubringen seien. Dies würde aber dazu führen, dass über die gesamte Kommunalverwaltung hinweg aufgrund der mit der kommunalen Doppik möglichst weitgehend verorteten dezentralen Budgetverantwortung eine Vielzahl der kommunalen Mitarbeiter mit entsprechender Technik zur Erzeugung eben solcher qualifiziert elektronischen Signaturen ausgestattet werden müssen. Dies löst beachtlichen Beschaffungsaufwand und dauerhaft nicht zu unterschätzenden zusätzlichen (überwiegend technischen) Pflegeaufwand aus (z. B. hinsichtlich der zugehörigen Zertifikatsverwaltung usw.). Außerdem bietet auch diese Technik nicht zwingend ein Höchstmaß an (Kassen-)Sicherheit, nämlich dann, wenn beispielsweise Signaturkarten zweckwidrig verwandt werden (wenngleich die technischen Hürden zum Missbrauch in aller Regel höher liegen werden). Zu beachten ist in diesem Kontext, dass das vorgegebene Kassenanordnungswesen **rein interne Prozesse** regelt (vornehmlich aus Sicherheitsaspekten heraus). Im bloßen Innenverhältnis sind jedoch keine so hohen Anforderungen an eine rechtliche Verbindlichkeit dergestalt erkennbar, die zwingend ausschließlich den Unterschriftenersatz in Rede der qualifizierten elektronischen Signatur i. S. v. § 126a BGB notwendig machten. Dem hat sich zwischenzeitlich auch der Landesrechnungshof Rheinland-Pfalz angeschlossen[119]. Danach muss ein System, welches eine in tradierter Papierform notwendige manuelle Unterschrift ersetzen soll, im rein behördenintern wirkendem digitalen Umfeld mindestens umfassen[120]:

- Eine eindeutige Benutzerauthentisierung, meist in Rede der Anmeldekennung, welche der konkret zeichnenden Person ausschließlich zugeordnet ist (z. B. die Anmeldekennung zum Finanzsystem).

- Der Nachweis, dass über diese Anmeldekennung ausgelöste Vorgänge (namentlich die Bestätigung der sachlichen und rechnerischen Richtigkeit oder als anordnungsbefugte Person) nur nach Eingabe eines Passwortes (bzw. PIN) oder einer sicheren Authentisierung (wie

119 Seine frühere Auffassung aufgebend, vgl. dazu die Ausführungen von Herrn Feigel zur Arbeitstagung der Rechnungsprüfungsämter am 9. November 2017 in Speyer.

120 Auch im externen Verhältnis kann zwischen Behörden bzw. Gerichten auf das formale Erfordernis qualifizierter elektronischer Signaturen ggf. verzichtet werden, vgl. dazu VGH Mannheim, Beschluss vom 4. März 2019 – A 3 S 2890/18 – NJW 2019, 1543 ff.

z. B. per Security-Token) möglich sind[121]. Selbstverständlich ist damit keinesfalls gemeint, dass irgendwie das konkrete Passwort offen gelegt würde. Vielmehr wäre z. B. durch einen passgenau technisch (wie automatisiert) zu erzeugenden Hashwert festzuhalten, dass eine Passworteingabe zum konkreten Vorgang erfolgte. Damit eng zusammenhängend:

– Einen Zeitstempel, der konkret mit Uhrzeit dokumentiert, dass dieser Benutzer nach erfolgter Authentisierung (wie z. B. einer Passworteingabe) diesen konkreten Vorgang auslöste bzw. bestätigte.

Denkbar ist, dass über alle drei Werte je fallspezifisch ein gemeinsamer Hashwert insgesamt erzeugt wird (sofern dieser den Ansprüchen an eine ausreichende Datenintegrität genügt[122])[123]. Basierend auf diesem technisch zusammenfassendem Hashwert wäre dann der jeweilige Klarname im Anordnungsformular anzuzeigen, damit die Kasse (wie auch deren Buchhaltung, ggf. aber auch Amtscontroller, Rechnungsprüfer etc.) überhaupt die Möglichkeit hat, unmittelbar die auf diese Weise ersatzweise Unterschrift leistenden Personen insbesondere bei etwaigen Fehlern kontaktieren zu können. Zu alledem, wie könnte es anders sein, bedarf es klarer Regelungen in der lokalen Dienstanweisung.

Annex: Diese Thematik ist ferner von zentraler Bedeutung für das digitale **Dokumentmanagementsystem** der Kommune, welches nicht zuletzt

121 Selbst das BSi hat eine Abkehr von starren Passwortzwängen vorgenommen. So sieht ORP.4.A23 zum IT-Grundschutz-Kompendium unter der Rubrik „ORP: Organisation und Personal" in der Edition 2020 [1] (abrufbar via www.bsi.bund.de/DE/Themen/ITGrund schutz/ITGrundschutzKompendium/bausteine/ORP/ORP_4_Identit%C3%A4ts-_und_ Berechtigungsmanagement.html, zuletzt abgerufen am 30. April 2021) nunmehr vor: „IT-Systeme oder Anwendungen sollten nur mit einem validen Grund zum Wechsel des Passworts auffordern. Reine zeitgesteuerte Wechsel sollten vermieden werden. Es müssen Maßnahmen ergriffen werden, um die Kompromittierung von Passwörtern zu erkennen." Die Vielzahl von Passworteingaben führt nicht zu einem Gewinn, sondern oft zu Verlusten der Informationssicherheit. Dies ist ein starkes Argument für das single-sign-on-Verfahren. Vgl. zur sicheren Gestaltung und Verwaltung von Passwörtern Luckhardt, Passwort 2020, in: <kes> 2020, 26 ff.

122 Damit ist aus der Warte der Informationssicherheit gemeint, dass systemseitig (insbes. nachträglich) unautorisierte Veränderungen von Informationen ausgeschlossen sind.

123 Seitens des Rechnungshofes Rheinland-Pfalz wurde auf konkrete Nachfrage des Autors in der Tagung am 9. November 2017 bestätigt, dass sich die Auffassung der hier dargestellten Dreierschrittfolge vertreten lässt. Der Rechnungshof selbst stellt auf die sog. fortgeschrittene elektronische Signatur und damit (jedenfalls indirekt) auf das Vertrauensdienstegesetz des Bundes ab (was der vorbeschriebenen Lösung praktisch jedoch sehr nahe kommen dürfte). Vgl. zur fortgeschrittenen elektronischen Signatur in Abgrenzung zur qualifizierten auch VV Nr. 3 zu § 28 GemHVO. Das Land weicht insofern mit seinem kameralen Anordnungswesen ab. Dort wird vom Anordnungsbefugten der Einsatz der elektronischen Signatur eingefordert, vgl. VV Nr. 1.3.15 zu §§ 70 ff. LHO.

seit dem eGovernmentgesetz[124] und der nachfolgenden Vorgaben zur Digitalisierung (wie z. B. auch dem OZG[125]) grundlegende Veränderungen in jeder Behörde anstößt.

3.4 Behandlung der Kassenanordnungen

Nachdem nun die Inhalte von Kassenanordnungen dargestellt wurden, steht die weitere Behandlung der erteilten Kassenanordnungen im Raum. Hier stellt sich insbesondere die Frage: Muss die Gemeindekasse auch erkennbar falsche Kassenanordnungen freigeben[126]?

Nach der früheren (kameralen) Regelung[127] lautete die normierte Antwort: Eindeutig nein. Die Gemeindekasse hatte ein umfangreiches **Beanstandungsrecht**. Die doppische GemHVO schweigt hingegen diesbezüglich. Wie nunmehr bereits an zahlreichen Stellen dargelegt, muss auch zu dieser Frage eine lokale Dienstanweisung konkrete Antworten geben. Selbst wenn eine solche sträflich fehlen sollte, ergibt sich aber aus der notwendig übergeordneten Mehrstufigkeit des Buchungsprozesses (gegenseitige Kontrolle durch Trennung, Anordnung und Vollzug als wesentliches Sicherheitselement) sowie dem trotz Umstellung auf die kommunale Doppik inhaltlich bewusst unverändert belassenem Kassenrecht in den §§ 106 f. GemO, dass auch unter der kommunalen Doppik ein Prüf- und Beanstandungsrecht der Gemeindekasse besteht. Dies folgt zudem schierer Logik: Wenn schon kraft Gesetzes grundsätzlich eine Gemeindekasse mit der Stelle eines Kassenverwalters an deren Spitze eingerichtet werden <u>muss</u>, wäre es sinnwidrig, wenn diese mangels eigenem Prüfrecht und daraus etwaig folgender Beanstandungspflicht zwingend selbst die von ihr als falsch erkannten Kassenanordnungen freigeben müsste und somit ggf. einen Schaden kausal verursachen würde.

Welche Beanstandungsgründe wären denkbar? (nicht abschließend)

Selbstverständlich müssen es Gründe sein, die seitens der Mitarbeiter der Gemeindekasse bei Vorlage der entsprechenden Kassenanordnung überhaupt erkennbar sind. Dies könnten sein:

– Tatsächliche/faktische Fehler:
  • Tippfehler, Zahlendreher,

124 Gesetz zur Förderung der elektronischen Verwaltung vom 25. Juli 2013 (BGBl. I S. 2749).

125 Gesetz zur Verbesserung des Onlinezugangs zu Verwaltungsleistungen (Onlinezugangsgesetz) vom 14. August 2017 (BGBl. I S. 3122).

126 Freigeben meint hier, z. B. tatsächlich die Kassenanordnung zu buchen und dadurch z. B. eine konkrete Auszahlung mittels Überweisung zu tätigen.

127 Vgl. seinerzeitigen § 6 Abs. 1 Satz 2 GemKVO.

- Verwendung falscher Formulare,
- Forderungsarten (bei Einnahmen) verwechselt (z. B. zivilrechtliche anstelle öffentlich-rechtlicher Forderung eingetragen) usw.

– Rechtliche Fehler:
  - kassenrechtlich: fehlende Anordnungsbefugnis etc.,
  - haushaltsrechtlich: (erkennbar) falsche Buchungsstellen etc.,
  - zivilrechtlich: kein Zahlungsanspruch (z. B. Verjährung) etc.,
  - **Wirtschaftlichkeitsgrundsatz**, § 93 Abs. 2 GemO – sehr weitreichend, z. B.: Einzelanordnungen anstelle von Daueranordnungen vorgelegt, keine Verwendung von Kassenzeichen (bei Einnahmen), Auslösung einer Vielzahl von Einzelrechnungen anstelle gebündelter Bestellungen mit dann entsprechend gebündelter Abrechnung etc.

– Wirtschaftliche Fehler:
  - Nichteinhaltung der Fälligkeitstermine bei Auszahlungen (Zinsverluste etc.),
  - Liquiditätsgesichtspunkte (vorrangig Durchführung von Aufrechnungen, unterlassenes Vorkasseverlangen).

Zur Abgrenzung: Eine Prüfung nur anhand der Kassenanordnung, ob auch ausreichend Haushaltsmittel zur Verfügung stehen, wäre der Gemeindekasse nicht möglich. Daraus folgt, dass sie kein Prüfrecht und damit keine Beanstandungspflicht zur Haushaltsüberwachung hat.

Zum vorstehenden Beispiel einer Kassenanordnung zur Annahme von Einzahlungen (Seite 60):

Zu beanstanden wäre die Erfassung des Schuldners René Descartes. Zwar ist dessen vermeintliche Adresse wie seine Namensschreibweise auch aus vollstreckungsrechtlicher Sicht ordnungsgemäß. So unsterblich dessen Werke sein mögen – physisch leben kann er bei einer Geburt am 31. März 1596 offensichtlich nicht mehr. In diesem – überspitztem – Beispiel hat die anordnende Stelle wohl schlicht einen falschen Zahlungspflichtigen erfasst.

Nach der vorgenannten Auflistung wie im Beispiel dürfte erkennbar werden, warum eine Regelung in der Dienstanweisung für die Kasse hinsichtlich deren Prüf- und Beanstandungskompetenz erforderlich ist. Auch wäre darin klarzustellen, wie im Falle einer möglichen Beanstandung durch die Gemeindekasse zu verfahren ist. Tradiert ist, dass die Gemeindekasse zwar bei erkannten Fehlern die Kassenanordnung zu beanstanden hat. Aber: Die budgetverwaltende Stelle kann mittels ausdrücklichen Bestätigungsvermerks (inklusive Unterschrift einer anordnungsbefugten Person bzw. ersatzweise digitale Bestätigung) die Kassenanordnung trotzdem aufrechterhalten. Die Gemeindekasse muss dann die Kassenanordnung zwingend freigeben. Hintergrund einer solchen Dienstanweisungsregelung: Es darf nicht zu einem endlosen Ping-Pong-Spiel zwischen der Kasse und der budgetverwaltenden Stelle kommen, welches letztlich dem Bürger, der z. B. dringend auf eine Zahlung der Gemeinde wartet, schadet. Wird seitens der budgetverwaltenden Stelle auf diese Art und Weise jedoch eine beanstandete Kassenanordnung bewusst aufrechterhalten, nimmt dies die Mitarbeiter der Gemeindekasse bei einem später doch auftretendem Schaden aus der Haftung – verantwortlich sind dann einzig die Bediensteten der budgetverwaltenden Stelle[128].

Beispiele zum Anordnungswesen

1. Sachverhalt

Sachbearbeiter Fix gibt seitens der Bauabteilung der Verbandsgemeinde Wunderschön Angebotsunterlagen für öffentliche Ausschreibungen aus. Für die Ausschreibung „Erdarbeiten Baugebiet Steinbruch" fallen Verwaltungsgebühren von 20 Euro pro Anforderung an. Diese macht er mit einem Gebührenbescheid geltend. Auch die Firma „Manfreds Tiefbau GmbH" fordert Unterlagen mit Nachweis einer Überweisung i. H. v. 20 Euro an. Fix gibt die Angebotsunterlagen heraus. Welche Kassenanordnung muss er fertigen?

2. Sachverhalt

Wie 1. Sachverhalt, jedoch macht Fix einen Fehler. Sein Gebührenbescheid lautet hier über 25 Euro. Die Firma Manfreds Tiefbau GmbH zahlt auch direkt 25 Euro bar. Richtig waren aber 20 Euro. Fix fertigt daraufhin zunächst einen Korrekturbescheid, aus welchem zutreffend hervorgeht, dass nur 20 Euro zu zahlen waren. Welche Kassenanordnung muss er fertigen?

128 Auch hier sei die Anmerkung erlaubt, dass solche Beanstandungsfälle (jedenfalls wenn sie in bestimmten Bereichen häufiger vorkommen) einen beliebten Ansatzpunkt für Rechnungsprüfer darstellen. Umgekehrt kommt es von diesen zu Rechnungsprüfungsfeststellungen gegenüber der Gemeindekasse, wenn die erkennbar falsche oder unwirtschaftliche Kassenanordnungen trotzdem freigab.

3. Sachverhalt

Manfreds Tiefbau GmbH erhält als günstigste Bieterin im Rahmen der öffentlichen Ausschreibung nach Abhaltung der Submission tatsächlich den Zuschlag auf ihr abgegebenes Angebot i. H. v. 98.500 Euro. Muss auch hier etwas veranlasst werden?

4. Sachverhalt

Die Verbandsgemeinde Wunderschön fordert vertragsgemäß nach Auftragserteilung die Stellung einer Sicherheitsbürgschaft in Höhe des Auftragsvolumens. Dadurch möchte sie auch im Falle einer etwaigen Zahlungsunfähigkeit von Manfreds Tiefbau GmbH sicher sein, dass evtl. von ihr bereits geleistete Teilbeträge nicht „verloren" sind und für einen anderen Auftragnehmer nochmals ausgegeben werden müssten. Seitens Manfreds Tiefbau GmbH wird daraufhin eine Ausfallbürgschaft der Fugger-Bank AG als Sicherheitsleistung der Verbandsgemeinde zugesandt. Was ist aus kassenrechtlicher Sicht zu veranlassen?

5. Sachverhalt

Manfreds Tiefbau GmbH hat bereits einen Teil des Gesamtauftrags erledigt und stellt deshalb einen ersten Abschlag i. H. v. 20.000 Euro in Rechnung. Welche Kassenanordnung ist zu erteilen?

6. Sachverhalt

Die Verbandsgemeinde zahlt außerdem monatlich 500 Euro Miete für eine Halle. Welche Kassenanordnung ist zu empfehlen?

7. Sachverhalt

Sachbearbeiterin Elvira Eilig ist bei der städtischen Bücherei beschäftigt. Dort ist sie insbesondere für die Bestellung neuer Bücher und die zugehörige Buchführung zuständig. Auch diesen Monat wurde wieder eine Vielzahl von Büchern bestellt. Verlagshaus X stellt für mehrere Bücher in diesem Monat 250 Euro in Rechnung, Verlagshaus Y 550 Euro, Verlagshaus Z 55 Euro. Für bestellte Bücher gibt es nur eine „Haushaltsstelle". Welche Kassenanordnung wird Frau Eilig sinnvollerweise in diesem Monat erstellen?

Lösungsvorschläge:

zum 1. Sachverhalt

Es bedarf einer Annahmeanordnung.

zum 2. Sachverhalt

Erforderlich ist eine Änderungsanordnung (Einnahmeabsetzungsanordnung gem. § 13 Abs. 1 Satz 1 GemHVO) über 5 Euro.

zum 3. Sachverhalt

Korrekterweise ja. Es müsste eine Buchungsanordnung[129] gefertigt werden, denn nach ihrer Definition handelt es sich um eine Buchung, die das Ergebnis in den Büchern ändert und die sich nicht in Verbindung mit einer Zahlung ergibt. Das Ergebnis ändert sich hier in Bezug auf die Haushaltsmittel, die mit konkretem Vertragsschluss nicht länger in dieser Höhe verfügbar sind. Dieser Vertrag kommt nach dem Ausschreibungsrecht zustande, weil der Zuschlag grundsätzlich dem wirtschaftlichstem Bieter erteilt werden muss[130]. Ferner steht mit diesem Vertrag die nachfolgende Zahlungsverpflichtung dem Grunde nach fest. Jedenfalls wenn es bis zum Jahresende auch zu anteiligen Bauarbeiten kommt, führt diese grundsätzlich schon jetzt absehbare Zahlungsverpflichtung weiterführend (als nächster Buchungsvorgang) zu einer etwaigen Rückstellungsbildung.

zum 4. Sachverhalt

Notwendig wird die Fertigung einer Einlieferungsanordnung und Übergabe der Bürgschaft mit dieser an die Gemeindekasse zur Verwahrung, z. B. im Tresor[131].

zum 5. Sachverhalt

Eine Auszahlungsanordnung ist zu fertigen. Beachte: Wurde der Auftrag korrekterweise mittels einer Buchungsanordnung erfasst (siehe 3. Sachverhalt), ist diese Auszahlungsanordnung „gegen" diesen Auftrag (die Vormerkung) zu buchen. Folge: Durch die tatsächliche Auszahlung werden keine zusätzlichen Mittel haushaltsrechtlich gebunden.

---

129 In der Praxis häufig anzutreffende Begriffe sind Vormerkung oder Vorbelegung (ggf. auch Mittelbindung).

130 Privatrechtliches Verpflichtungsgeschäft nach BGB, hier z. B. mittels eines Werkvertrags nach §§ 631 ff. BGB; Kontrahierungszwang.

131 Anmerkung: An diesem Beispiel zeigt sich, dass eben der neue doppische Begriff der Zahlungsanweisung nicht passt. Die bereits in der ersten Auflage ausgesprochene Empfehlung, insbesondere deshalb auch unter der kommunalen Doppik weiterhin den zentralen Begriff der Kassenanordnungen zu verwenden, wurde zwischenzeitlich in der VV Nr. 2 zu § 25 GemHVO explizit übernommen.

zum 6. Sachverhalt

Eine Dauer(-auszahlungs-)anordnung ist ratsam.

zum 7. Sachverhalt

Eine Sammel(-auszahlungs-)anordnung bietet sich an. Diese fasst – wie eine Klammer – mehrere „einfache" Auszahlungsanordnungen mit einer Gesamtsumme auf einer „Haushaltsstelle" zusammen. Der Eingabeaufwand für die Haushaltssachbearbeiterin reduziert sich, vor allem aber der nur einmalige Bearbeitungsaufwand bei der Kasse (inklusive nur einmaliger Archivierung)[132].

132 Je nach Regelung der lokalen Dienstanweisung wie der Möglichkeiten des eingesetzten Finanzprogramms kann ggf. noch weiterführend über eine z. B. so bezeichnete Mehrbereichs(-auszahlungs-)anordnung sogar eine Zusammenfassung über mehrere „Haushaltsstellen" (sprich: Finanzkonten) hinweg genutzt werden – mit dann nochmals weitergehender Aufwandsreduzierung.

4 Zahlungsverkehr[133]

Der fünfte Teil der GemHVO ist bereits mit die „Abwicklung des Zahlungsverkehrs" überschrieben. Wiederholend ist auf § 25 Abs. 2 Satz 1 Nr. 1 und 2 GemHVO zurückzugreifen, wonach die Gemeindekasse für die Annahme von Einzahlungen und die Leistung von Auszahlungen verantwortlich ist. Nachdem wir soeben gesehen haben, wie solche Ein- oder Auszahlungen mittels Kassenanordnungen zustande kommen, geht es im Folgenden um die tatsächliche Abwicklung.

4.1 Form[134]

Wichtig ist hervorzuheben, dass der Zahlungsverkehr grundsätzlich **unbar** vorzunehmen ist. Dies folgt schon aus dem Wirtschaftlichkeitsgrundsatz (§ 93 Abs. 3 Variaten 2 GemO), ist insoweit klarstellend in der lokalen Dienstanweisung zu regeln[135] und dient insbesondere der Kassensicherheit wie der Gewährleistung rationeller Arbeitsabläufe. Er wird europarechtlich gestärkt, indem zu den Verwaltungsbehörden des jeweiligen EU-Nationalstaates das Verbot zur Annahme von Barzahlungen geregelt werden darf[136].

133 „Das Recht des Zahlungsverkehrs unterliegt der Herausforderung, mit dem technischen Fortschritt standhalten zu müssen. Zahlungsdiensterecht stellt sich als Transportrecht des Geldes dar. Die Methoden seines Transports unterliegen vor allem durch den Gestaltwandel des Geldes – vom Primitivgeld der Vor- und Frühzeit über das materiefreie Buchgeld, zukünftig in Richtung auf ein rein virtuelles Geld – einem ständigen Wandel." Olmor, JuS 2017, 626 ff.

134 Gute, leicht nach vollziehbare allgemeine Darstellung zum Zahlungsverkehr siehe Olfert, Investition, 14. Auflage 2019.

135 So z. B. auch Sturme, KKZ 2008, 241 (247), dort § 9 Abs. 1 Muster-DA.

136 Vgl. EuGH, Urteil vom 26. Januar 2021 – C-422/19, C-423/19, konkret entschieden zugunsten des Hessischen Rundfunks. Ein Urteil, welches die modernen „ePayment"-Umstellungen als Begleitmaßnahme zur OZG-Umsetzung beflügelt.

Traditionell umfasst der Begriff des Zahlungsverkehrs:

a) **Unbare Zahlungen**

Darunter versteht man Überweisungen oder Einzahlungen auf ein Konto der Gemeindekasse (bzw. Sonderkasse[137]) bei einem Geldinstitut, Überweisungen oder Auszahlungen von einem solchen Konto[138] und – mittlerweile selten – die Übersendung von Schecks. Abgestellt wird hierbei grundsätzlich auf den rechtlichen Begriff des **Geldes im abstrakten Sinne**, welcher maßgeblich auf die Geldfunktionen (Universaltauschmittel sowie Recheneinheit) abstellt[139].

b) **Barzahlungen**

Selbstverständlich fällt hierunter die Übergabe oder Übersendung von Bargeld, aber auch die Übergabe von Schecks. Abgestellt wird hier grundsätzlich auf den rechtlichen Begriff des Geldes im konkreten Sinne, welcher sich auf Bargeld mit hoheitlichem Annahmezwang bezieht[140]. Hier fallen in aller Regel der Geld- und Währungsbegriff zusammen[141]. Weil der Übergang von Bargeld letztlich vollkommen anonym möglich ist, stellt es sich als besonders anfällig für illegale Zahlungsabwicklungen dar, woran beispielsweise erhöhte Anforderungen an Registrierkassen anknüpfen[142].

---

137 Nicht verschwiegen werden soll auch an dieser Stelle, dass die Führung gesonderter Bankkonten zu Sonderkassen zwar rechtlich zulässig ist, wirtschaftlich wie ggf. sicherheitstechnisch jedoch nachteilig wirkt. Selbst bei Einrichtung separater Bankkonten bleibt ein Geldpooling-Kontenmodell (Haupt- mit Unterkonten) vorzugswürdig, welches wenigstens – im Sinne des gebotenen Liquiditätsmanagements (vgl. § 93 Abs. 5 Satz 1 GemO) für tagesaktuelle Saldierungen automatisiert sorgt, sofern keine reinen Verrechnungslösungen wie der finanztechnischen Einheitskasse möglich sind. Vgl. dazu bereits S. 21 f. sowie ausführlich (mit Mustern) Klomfaß, VR 2017, 189 ff.; ders., KKZ 2017, 4 ff. (30 ff.).

138 Vgl. exemplarisch zum zwischenzeitlich möglichem Instant-Payment (Überweisungen quasi in Echtzeit) Wischmeyer, So schnell wie eine E-Mail, in: SZ Nr. 230 vom 5. Oktober 2016, S. 17 sowie SZ Nr. 183 vom 10. August 2017, S. 20.

139 Vgl. Omlor, in: Staudinger (Begr.), Kommentar BGB, Band 2, Vorb. §§ 244-248 Rn. A84 ff.; Omlor, Geldprivatrecht, 99 f. Vgl. zum im privaten Umfeld zunehmenden Einsatz von Daten als (Gegen-)Tauschmittel Kläsgen, „Haben Sie eine Kundenkarte?" – So sieht die Zukunft des Bezahlens aus, in: SZ Nr. 286 vom 10. Dezember 2016, S. 31.

140 Vgl. zum Annahmezwang zu gesetzlichen Zahlungsmitteln Grundmann, in: MüKo BGB, § 245 Rn. 45, Hahn/Häde, Währungsrecht, § 23 Rn. 31. An dieser Stelle tritt ein großes Problem – jedenfalls aktuell seit der Finanzkrise 2008 – zutage: Ist die faktische Möglichkeit privater Kreditinstitute zur Geldschöpfung legitim? Dies bestreitet maßgeblich der Vollgeldansatz, z. B. nach Huber, Monetäre Modernisierung, 3. Auflage 2012 (dazu Buchbespr. von Klomfaß, KKZ 2013, 239 f.).

141 Vgl. ausführlich Omlor, JuS 2019, 289 (290).

142 Vgl. dazu exemplarisch Dornis, Kasse machen, in: SZ Nr. 286 vom 10. Dezember 2016, S. 31.

c) Verrechnungen

Dies sind Zahlungen, die durch buchmäßigen Ausgleich zwischen Einnahmen und Ausgaben bewirkt werden, welche das Ergebnis in den Büchern extern jedoch nicht verändern[143]. Unterscheide:

- Verrechnungen[144] (nur ein Rechtsträger ist beteiligt, „umbuchen" zwischen zwei Buchungskonten) und
- Aufrechnungen (mindestens zwei Rechtsträger sind beteiligt).

Praxistipp: Der Einsatz von Kreditkarten von Kommunalvertretern bleibt häufig bereits rechtlich wie insbesondere wirtschaftlich zweifelhaft. Jedenfalls eröffnet deren trotzdem erfolgender Einsatz schwierige Fragen der Kassensicherheit bis hin zum Missbrauch[145]. Der Einsatz von Kreditkarten von Kommunalvertretern scheidet nach alledem regelmäßig aus, weil dazu bereits kein dienstliches Bedürfnis erkennbar ist.

Ausblick: Barzahlungen werden zunehmend stigmatisierend wahrgenommen. Während dies hier in Deutschland noch nur eingeschränkt bemerkbar wird, kommt dem verpflichtenden Bargeldeinsatz im Ausland bereits jetzt teilweise sanktionierende Wirkung zu. Beispielsweise wird in der chinesischen Volkswirtschaft Geld-, Kredit- bzw. SIM-Kartenbetrügern für gewisse Zeiträume jegliche Nutzung solcher Karten untersagt, außerdem bekommen diese keine weiteren mehr ausgestellt. Gleichzeitig kann aber nur an vergleichsweise wenigen Bankschaltern überhaupt Bargeld gezogen werden. Schwierig stellt sich zudem der Geldeinsatz dar, weil selbst zu Gütern des täglichen Lebensbedarfs ausschließlich unbare Zahlungsmethoden akzeptiert werden[146]. Auch wenn Entwicklungen solchen Ausmaßes in absehbarer Zeit hier in Deutschland nicht eintreten mögen, so rückt doch der Bargeldeinsatz zunehmend in den

143 Gemeint sind damit insbesondere buchmäßige Ausgleiche ohne Inanspruchnahme externer Bankkonten. Wenn aber externe Bankkonten nicht in Anspruch genommen werden, können diese kategorisch auch nicht ausgewertet werden. Angenommen wird, dass die NSA jedenfalls auf gewisse Bankkontendaten Zugriff hat, die über das SWIFT-System abgebildet werden, vgl. insoweit andeutend Tanriverdi, NSA hat wohl Zugriff auf Geldverkehr, in: SZ Nr. 89 vom 18. April 2017, S. 20. Vor diesem Hintergrund erklärt sich, warum möglichst rein intern wirkenden Auf- bzw. Verrechnungen mit lediglich saldierter effektiver Gesamtabrechnung über effektive Bankkontenbewegungen zwischen der Kommune und der Bundesagentur für Arbeit (über das gemeinsam betriebene Jobcenter) präferabel sind.

144 Hier eng zu verstehen im kassenrechtlichen Sinne. Sondervorschriften wie z. B. § 52 SGB I, welche z. B. auch einen Ausgleich zwischen verschiedenen Trägern von Sozialleistungen als Verrechnung verstanden wissen wollen, sind davon nicht umfasst.

145 Vgl. dazu exemplarisch Nellessen, Nun ermittelt auch der Staatsanwalt, in: Mainzer Allgemeine Zeitung vom 24. Februar 2012, S. 9.

146 Vgl. dazu ausführlich Deuber: Nur Bares für Unwahres, in: SZ Nr. 267 vom 18. November 2020, S. 1.

Fokus der Unwirtschaftlichkeit oder etwaig fragwürdiger Verwendung (insbesondere bei hohen Barzahlungen beispielsweise zu Autokäufen).

Exkurs: Virtuelle und damit meist blockchainbasierte „Währungen" wie z. B. Bitcoin, Ethereum, Ripple, Stellar, ZCash o. a. erfüllen nicht den rechtlichen Begriff der Währung oder des Geldes und gelten damit nicht als offizielle Zahlungsmittel (und auch nicht als Wertpapiere)[147]. Vielmehr stellen sie virtuelle Güter ohne Immaterialgüterrechtsschutz dar[148]. Denkbar ist jedoch ein Einsatz als „vertragliches Zahlungsmittel"[149], dann allerdings auch mit gänzlich neuen Gefahrenquellen[150], aber auch vielen Potentialen (wie im Ausland bereits etabliert[151]).

Besonderes Gewicht kommt den letztgenannten **Aufrechnungen** zu. Die wichtigsten Rechtsgrundlagen dazu finden sich in §§ 387 ff. BGB, auf welche häufig zwecks Anwendbarkeit auch in anderen Rechtsgebieten verwiesen wird, sogar aus dem Abgabenrecht in § 226 AO. Zur Prüfung, ob die Voraussetzungen einer Aufrechnung vorliegen, hat sich allgemein das auf der nächsten Seite dargestellte **Prüfungsschema** etabliert.

Fazit: Statt des Austausches von Zahlungsmitteln werden die sich gegenüberstehenden Forderungen „verrechnet". Nur noch der evtl. überschreitende Betrag wird ausbezahlt bzw. angefordert. Die Vorteile liegen auf der Hand: Neben insgesamt einfacherer Handhabung (direkter Kontenausgleich ohne zwischengeschaltete Zahlungsvorgänge, mithin geringere Fehlerquellen[152]), evtl. Kostenersparnissen wie geringere Überweisungsgebühren kommt dem Wirtschaftlichkeitsgrundsatz zu Gute,

---

147 Wegen deren Wirkmächtigkeit überlegen die Zentralbanken jedoch schon staatliche Kryptowährungen, vgl. exemplarisch Gojdka, Kryptisches Staatsgeld, in: SZ Nr. 23 vom 29. Januar 2018, S. 22.

148 Vgl. m. w. N. Omlor, JuS 2019, 289 (290).

149 EuGH, Urteil vom 22. Oktober 2015 – C-264/14 – (Skatteverket / Hedqvist), Rn. 42. Daraus kann sich jedoch womöglich künftig mehr entwickeln. Denn schon zuvor wurde – zuvorderst aus Gesichtspunkten der Reduzierung möglichen Schwarzgeldeinsatzes – die Umstellung auf Digitalwährungen propagiert, vgl. z. B. Boie, Nur Bares war Wahres, in: SZ Nr. 121 vom 29. Mai 2015, S. 11. Vgl. ferner spezifisch Beck, NJW 2015, 580 ff.

150 Jenseits des berühmten Falles von „The DAO", bei dem umgerechnet 65 Mio. Euro entzogen wurden, ist der Verlust der Tokioter Kryptobörse in Höhe von umgerechnet 400 Mio. Euro spektakulär, vgl. dazu Neidhart, 400 Millionen Euro, einfach weg, in: SZ Nr. 23 vom 29. Januar 2018, S. 22.

151 Vgl. z. B. Norwegen, wo nur noch in seltenen Ausnahmefällen Bargeld zum Einsatz kommt, dazu Wilke/Zydra, App statt Øre, in: SZ Nr. 115 vom 18./19. Mai 2019 (Digitalausgabe). Starke Unterstützung in Deutschland kommt dabei insbesondere von der Commerzbank (über den main incubator). Ähnliche Technik wird – beflügelt von der Bundesbank – vermutlich in naher Zukunft auch hier zum Einsatz kommen, vgl. insbesondere die Banking-App des europäischen Bankenkonsortiums EMPSA (vgl. dazu Wischmeyer, Heimzahlen, in: SZ Nr. 203 vom 3. September 2019, S. 20).

152 Zu denken ist z. B. an versehentliche Falschüberweisungen mit einhergehendem Rückforderungsaufwand etc.

dass tatsächlich weniger Geldmittel abfließen. Bedeutsam ist dies gerade dann, wenn sich nachträglich Probleme bei der Hauptforderung ergeben. Zeigt sich z. B., dass Bürger B doch gar keine Überzahlung zustand (vielleicht aufgrund eines schlichten Buchungsfehlers), wäre es ohne Aufrechnung bereits zu einem Zahlungsabfluss gekommen. Diesen müssten die Kassenmitarbeiter nun umständlich versuchen rückgängig zu machen, indem sie den B zunächst freundlich bitten, den versehentlich bereits überwiesenen Betrag zurück zu überweisen. Im Zweifelsfalle müssten sie aber den Vollstreckungsweg beschreiten. Schlimmstenfalls trüge – ohne Aufrechnung – die Kommune K gar das Insolvenzrisiko, denn: Würde B zwischenzeitlich der Insolvenz anheimfallen, könnte sie ihre versehentliche Zahlung auf die vermeintliche Hauptforderung nun einzig (und wenig erfolgversprechend) als sog. Insolvenzforderung (§ 38 InsO) geltend machen[153].

G	Es muss eine **Aufrechnungslage** bestehen: • Dies erfordert eine Gegenseitigkeit von Forderungen (d. h. Gläubiger und Schuldner[154] müssen gegeneinander Forderungen zustehen; hier hat eine vollständige Anspruchsprüfung der Forderungen stattzufinden). • Die somit bestehenden Schulden müssen gleichartig sein (i. d. R. Geldschulden[155]). • Die sog. Gegenforderung muss durchsetzbar sein, d. h. diese muss fällig und einredefrei sein. • Demgegenüber muss die sog. Hauptforderung erfüllbar sein (d. h. es darf bereits geleistet werden). Beispiel: Eine Überzahlung des Bürgers B (die sog. Hauptforderung) soll mit einer bestehenden Grundsteuerforderung der Kommune K gegen ihn (der sog. Gegenforderung) aufgerechnet werden. Diese Grundsteuerforderung muss fällig und einredefrei[156]sein, die Überzahlung als Hauptforderung hingegen

153 Vgl. zur notwendig vorzunehmenden Aufrechnung gerade vor dem Hintergrund des im Vorhinein nie auszuschließenden Insolvenzrisikos App/Klomfaß, Insolvenzrecht, insbes. Rn. 156 ff.

154 Vgl. zur fehlenden Personenidentität und damit unzulässiger Aufrechnung des jetzigen Grundstückseigentümers gegen den Zessionar BGH, Urteil vom 23. Februar 2018 – V ZR 302/16.

155 Unzulässig wäre folglich eine „Aufrechnung" einer Geldforderung mit der Pflicht, ein bestimmtes Verhalten zu unterlassen.

156 Es dürfte nicht aufgerechnet werden, wenn ausnahmsweise z. B. gar wegen geltend gemachter (verfassungs-)rechtlicher Bedenken Rechtsbehelfe (insbesondere im Wege des Eilrechtsschutzes) anhängig wären. Bei öffentlich-rechtlichen Forderungen, welche wo-

	erfüllbar (d. h. sie darf bereits zum jetzigen Zeitpunkt bezahlt werden, i. d. R. ist dies sofort möglich[157]).
E	Es bedarf einer **Aufrechnungserklärung**, § 388 S. 1 BGB[158].
F	Grundsätzlich ist keine Frist einzuhalten.
A	Es dürfen keine **Ausschlussgründe** bestehen. Diese können vertraglich oder gesetzlich begründet sein, vgl. insbesondere §§ 390, 393 f. BGB[159].

Rechtsfolge: Die Schuld erlischt (§ 389 BGB).

Erläuterung zum Lernen: Die Voraussetzungen einseitig verpflichtender Rechtsgeschäfte wie der Aufrechnung (aber auch der Kündigung, der Anfechtung etc.) lassen sich mit G-E-F-A vereinfachend merken. So bedarf es immer eines Grundes, einer Erklärung, zu prüfen bleiben evtl. (vereinbarte) Fristen und nie dürfen Ausschlussgründe entgegenstehen.

Hinzuweisen ist darauf, dass Geldschulden materiell-rechtlich als **Bringschuld** zu verstehen sind, weshalb der Leistungsort i. S. v. § 269 BGB immer beim Gläubiger liegt[160]. Maßgeblich wird dies insbesondere bei etwaigem **Verzug**.

4.2 Einzahlungen

Alle (Ein-)Zahlungen sind zeitlich **im Journal** und nach sachlichen Kriterien gegliedert auf Sachkonten zu buchen (**§ 28 Abs. 4 Satz 1**

möglich auch noch sofort vollziehbar wären, kommt dies eher selten in Betracht, zumal in solchen Fällen häufig schon Probleme bei der zuvor durchzuführenden Anspruchsprüfung auftauchen dürften. Wichtiger ist die Prüfung von Einreden vielmehr bei zivilrechtlichen Forderungen wie z. B. einem Kaufpreiszahlungsanspruch der Kommune K gegenüber Bürger B für einen bestimmten Gegenstand, wenn B diesbezüglich z. B. die Einrede der Verjährung geltend machte.

157 Ausnahme: Darlehensrückzahlungsansprüche zu festgesetzten Terminen. Die Bank hat hier berechtigte Interessen (Stichwort Verzinsung), dass erst zum vereinbarten Zeitpunkt, und eben nicht vorher gezahlt wird.

158 Es handelt sich um eine einseitig empfangsbedürftige Willenserklärung. Auf das Einverständnis des Gegenübers kommt es also nicht an (es handelt sich insoweit keinesfalls um einen Vertrag). Umgekehrt bedeutet dies, dass die Aufrechnungserklärung grundsätzlich nicht auf ein Anerkenntnis des Schuldners der Gegenforderung schließen lassen darf, vgl. dazu ausführlich Retzlaff, NJW 2013, 2845 ff.

159 Beachte Besonderheit nach § 395 BGB betreffend Aufrechnungen gegen Forderungen öffentlich-rechtlicher Körperschaften. Insolvenzrechtliche Besonderheiten seien hier nur angedeutet, vgl. diesbezüglich insbesondere § 96 InsO.

160 Vgl. dazu ausführlich (m. w. N.) Meier, JuS 2018, 940 ff.

GemHVO)[161]. Bei Übergabe von Zahlungsmitteln ist zudem eine Quittung auszustellen[162].

Im Zuge der Digitalisierung – insbesondere nach dem OZG[163] – spielt die Ermöglichung direkter Bezahlung über das Internet beim Einsatz mobiler Endgeräte eine zunehmend wichtiger werdende Rolle. Relevant wird damit einerseits anteilig (wie indirekt) der schon länger gültige § 270a BGB. Eine Zahlung muss danach jedenfalls **nach einer Wahlmöglichkeit** entweder mittels SEPA-Lastschrift, SEPA-Überweisung oder unter Nutzung einer Zahlungskarte für den Zahlungspflichtigen (Verbraucher bzw. hier Bürger) im Verhältnis zum Zahlungsempfänger (die Kommune) kostenfrei sein[164]. Andererseits wird konkret § 5 EGovGRP maßgeblich[165], dieser im Wortlaut:

„(1) Fallen im Rahmen eines elektronisch durchgeführten Verwaltungsverfahrens Gebühren oder sonstige Forderungen an, **muss** die Behörde die Einzahlung dieser Gebühren oder die Begleichung dieser sonstigen Forderungen durch Teilnahme **an mindestens einem** im elektronischen Geschäftsverkehr üblichen und hinreichend sicheren Zahlungsverfahren ermöglichen.

(2) Erfolgt die Einzahlung von Gebühren oder die Begleichung sonstiger Forderungen durch ein elektronisches Zahlungsabwicklungsverfahren des Landes, sollen Rechnungen oder Quittungen **elektronisch** angezeigt werden. Dies gilt auch, wenn die sonstige Forderung außerhalb eines Verwaltungsverfahrens geltend gemacht wird." (Hervorhebungen seitens des Autors)

Diese Vorgaben sind nicht nur äußerst modern, sondern stützen das tradierte kommunale Kassenwesen in mehrfacher Hinsicht. Aufgrund der wesentlich bequemeren Abwicklungsmöglichkeit einer Vielzahl höchst unterschiedlicher Verwaltungsleistungen werden die entsprechenden in-

161 Nach den Klarstellungen in § 28 IX GemHVO ergibt sich ferner, dass die drei Komponenten Bilanz, Ergebnis- und Finanzrechnung in einem geschlossenem System zu führen sind. Demzufolge geht es also nicht etwa nur um die (bilanzielle) Sachkontenbuchung, auch die Buchungen auf Finanzkonten und damit in der Finanzrechnung sind ebenso gemeint. Ferner sind selbstverständlich im Journal wie im (neuen) Sachbuch nicht nur Zahlungen zu buchen. § 28 Abs. 4 GemHVO spricht ausdrücklich von Buchungen, erfasst werden dort also auch nichtzahlungsrelevante Vorgänge.

162 Wichtiger Vermerk bei Schecks: „Gezahlt durch Scheck, Eingang vorbehalten."

163 Gesetz zur Verbesserung des Onlinezugangs zu Verwaltungsleistungen (Onlinezugangsgesetz) vom 18. August 2017, BGBl. I 2017, 3122 ff.

164 Bestätigt durch OLG München, Urteil vom 10. Oktober 2019 – 29 U 4666/18, wonach für andere Zahlungsmöglichkeiten (wie hier entschieden zu PayPal und „Sofortüberweisung") Entgelte verlangt werden können.

165 Landesgesetz zur Förderung der elektronischen Verwaltung in Rheinland-Pfalz (E-Government-Gesetz Rheinland-Pfalz – EGovGRP) vom 15. Oktober 2020.

ternetbasierten Plattformdienste im Lauf der Zeit große Popularität erfahren. Damit wird der Grundsatz des unbaren Zahlungsverkehrs automatisch gewährleistet. Ebenso wird das insbesondere in diesem Werk schon seit der ersten Auflage an mehreren Stellen betonte **Vorkasseverlangen**[166], überall dort, wo möglich, weitgehend realisiert.

Bei Nichtzahlungen erlangen das Mahnwesen und die Zwangsvollstreckung Bedeutung. Sie gehören zur Zahlungsabwicklung und damit zum Zahlungsverkehr (vgl. § 25 Abs. 2 Satz 1 Nr. 4 GemHVO)[167]. Wurde zwar gezahlt, jedoch verspätet[168], ist an die Festsetzung von Nebenforderungen zu denken. Sofern der Fälligkeitstermin nicht eingehalten oder die Forderung evtl. gar nicht gezahlt werden kann, kommen nach § 23 GemHVO (bzw. §§ 222, 227 AO) die **Billigkeitsmaßnahmen** namens Stundung, Erlass oder Niederschlagung zum Tragen. Zu diesen bedarf es jedenfalls der Beteiligung der Gemeindekasse, schon alleine im Hinblick auf evtl. zwischenzeitlich angefallenen Nebenforderungen (ggf. gar ihrer Entscheidung, vgl. § 29 Abs. 3 GemHVO).

Exkurs: **Prüfungsschema** zu den Voraussetzungen einer **Stundung**[169]

1. Es muss eine *erhebliche Härte* vorliegen, denkbar aus:
   a) sachlichen (objektiven) Gründen wie der Unzumutbarkeit der Zahlung zum Fälligkeitstag oder
   b) persönlichen (subjektiven) Gründen, das erfordert:
      ba) Die Stundungsbedürftigkeit, also eine vorübergehende wirtschaftliche Notlage und
      bb) die Stundungswürdigkeit, d. h. diese Notlage darf nicht selbst vom Schuldner verursacht sein.
2. Der *Anspruch* darf durch die Stundung *nicht gefährdet* werden (evtl. Gewährung einer Sicherheitsleistung).
3. Der Schuldner muss einen entsprechenden *Antrag* stellen.

166 Begrifflich auch als Einfordern von Vorausleistungen zu definieren. Das Einfordern stellt eine Entscheidung zum Kassenanordnungswesen dar, vgl. Fachverband der Kommunalkassenverwalter e. V. (Hg.): HKR, Kap. 2.3.2.1, S. 2.

167 VV Nr. 3 zu § 25 GemHVO betont, dass es sich damit eindeutig um Kassengeschäfte i. S. v. § 106 Abs. 1 GemO handele.

168 Im öffentlich-rechtlichen Bereich z. B. u. a. zu prüfen nach § 224 Abs. 2 AO, ggf. i. V. m. § 3 Abs. 1 Nr. 5 KAG.

169 Es handelt sich um einen allgemein anerkannten Prüfungsaufbau, siehe in ähnlicher Form z. B. Birk, Steuerrecht, 23. Auflage 2020, Rn. 554 ff. Jakob, Abgabenordnung, 5. Auflage 2010, Rn. 506 ff.

Beispiel:

Eine Bauunternehmung beantragt Stundung des Nebenforderungsbescheides aus 2020, worin insbesondere Säumniszuschläge geltend gemacht werden. Sie begründet dies mit bestehenden Zahlungsschwierigkeiten der Jahre 2017 bis 2019, weshalb sie schließlich auch die zugrunde liegenden Hauptforderungen (z. B. Gebühren) nicht rechtzeitig habe zahlen können. Inzwischen stehe sie wirtschaftlich jedoch wieder gut da. Eine Stundung ist nicht zu gewähren, da einerseits sachliche (objektive) Gründe in Form einer Unzumutbarkeit der Zahlung zum Fälligkeitstag des Nebenforderungsbescheides nicht dargelegt werden. Andererseits liegen auch persönliche (subjektive) Gründe nicht vor, weil zu diesem Zeitpunkt mangels wirtschaftlicher Notlage keine Stundungsbedürftigkeit ersichtlich ist.

Beachte allgemein zu Stundungen:

Die Entscheidung ergeht durch Verwaltungsakt (so auch beim Erlass).

In der Regel sind Stundungszinsen zu berechnen, vgl. §§ 234, 238, 239 AO bzw. 23 I 2 GemHVO.

4.3 Auszahlungen

Alle (Aus-)Zahlungen sind zeitlich **im Journal** und nach sachlichen Kriterien gegliedert auf Sachkonten zu buchen **(§ 28 Abs. 4 Satz 1 GemHVO)**[170]. Wichtig ist nach dem Wirtschaftlichkeitsgrundsatz die Auszahlung zu den Fälligkeitsterminen[171]. Hier spielt das evtl. gewährte Skonto eine Rolle.

Beispiel:

Es geht eine Firmenrechnung über 1.000 Euro, „zahlbar in 14 Tagen abzgl. 2 Prozent Skonto oder in 30 Tagen rein netto" ein. Kreditzinssatz der Bank sei 12 Prozent. Welche Zahlungsalternative ist günstiger?

a) Zahlung nach 30 Tagen = 1.000 Euro

170 Und auch hier gilt: Nichtzahlungsrelevante Vorgänge sind ebenfalls hierhin zu buchen. Zu verweisen ist auf vorstehende Fn. 161.

171 Vgl. dazu ausführlicher Klomfaß, Zum Fälligkeitsdatum in Leistungsbescheiden, in: KKZ 2013, 177 ff.

b) Zahlung unter Ausnutzung Skonto:
1.000,00 Euro Rechnungsbetrag
./. 20,00 Euro 2 Prozent Skonto
= 980,00 Euro zu finanzierender Betrag
=> 980 Euro *12 Prozent * 16/360 Tage = 5,23 Euro Zinsen

Danach beträgt der Zahlbetrag 985,23 Euro, die **Ersparnis 14,77 Euro**.

Merke:

Ein gewährtes Skonto ist immer zu nutzen[172] (andernfalls kommt es zur Bekanntschaft mit dem zuständigen Rechnungsprüfer).

Das jeweilige Fälligkeitsdatum hängt u. a. von den Vertragsbestimmungen ab. Deshalb sollte bei Ausschreibungen versucht werden, möglichst langfristige sowie einheitliche Fälligkeitstermine zu bestimmen. Dies erleichtert das Liquiditätsmanagement der Gemeindekasse[173]. Zu berücksichtigen ist immer die Banklaufzeit, welche meist programmseitig eingearbeitet wird. Aus dem Wirtschaftlichkeitsgrundsatz (§ 93 Abs. 3 GemO) folgt die Pflicht zur Aufrechnung, welche oben ausführlich behandelt wurde. Nur bei Ausreizen der vereinbarten Fälligkeitstermine können etwaige Aufrechnungen (optimalerweise automatisiert) maximal realisiert werden.

Beispiel zum Thema Zahlungsverkehr

Sachverhalt:

Der ortsansässige Gewerbetreibende Siegfried Sorglos (S) kauft Stadtpläne bei Kommune K für 100 Euro am 1. September diesen Jahres. Er erhält eine Rechnung, wonach der Kaufpreis am 1. Oktober dieses Jahres fällig ist. Die mittelbewirtschaftende Stelle, zuständig für Tourismusangelegenheiten, legt der Kommunalkasse ordnungsgemäß eine Annahmeanordnung vor. Umgekehrt liegt Kommune K eine bereits fällige Rechnung des S vor, weil bei ihm zuvor Büromaterial für 75 Euro gekauft wurde. Dazu hat – ebenfalls ordnungsgemäß – die Organisationsabteilung der Kommunalkasse bereits eine Auszahlungsanordnung vorgelegt.

172 Maßgeblich ist dabei in aller Regel der Zeitpunkt der Zahlungshandlung, vgl. OLG Stuttgart, Urteil vom 6. März 2012 – 10 U 102/11.

173 Vgl. zur Praxis Levermann, KKZ 2015, 97 ff.

Aufgabenstellungen:

1. Darf der Kassenbedienstete Otto Ohnemoos (O) die Auszahlung i. H. v. 75 Euro Anfang September des laufenden Jahres vornehmen?
2. Was ist der für Tourismusfragen zuständigen Stelle für künftige Fälle zu empfehlen?

Skizzenhafte Lösungsvorschläge:

zu 1.

O muss grundsätzlich anlässlich der vorgelegten ordnungsgemäßen und mithin nicht beanstandungsfähigen Auszahlungsanordnung den angeordneten Betrag i. H. v. 75 Euro überweisen (beachte die Vorgabe zum unbaren Zahlungsverkehr), weil es sich um eine zur Ausführung durch die Gemeindekasse vorgelegte Auszahlungsanordnung handelt. Die Leistung von Auszahlungen stellt insbesondere ein Kassengeschäft dar (vgl. dazu § 106 Abs. 1 Halbsatz 1 GemO, § 25 Abs. 2 Satz 1 Nr. 2, Abs. 1 GemHVO). Aus dem Wirtschaftlichkeitsgrundsatz des § 93 Abs. 3, 2. Var. GemO leitet sich jedoch her, dass vorrangig eine etwaige Aufrechnung nach §§ 387 ff. BGB vorzunehmen wäre, wenn deren Voraussetzungen vorliegen[174]:

G Es muss eine Aufrechnungslage bestehen:

- Dies erfordert eine Gegenseitigkeit von Forderungen. Der Sachverhalt gibt vor, dass sowohl für Kommune K eine Forderung (i. H. v. 100 Euro) gegen S als auch für S eine Forderung (i. H. v. 75 Euro) gegen Kommune K besteht. Auf Gläubiger wie Schuldnerseite sind mithin identische Personen betroffen. Weil es sich in beiden Fällen auch um Geldschulden handelt, sind die bestehenden Schulden gleichartig.
- Die sog. Gegenforderung muss durchsetzbar, d. h. fällig und einredefrei sein. Gegenforderung ist vorliegend der Kaufpreiszahlungsanspruch der Kommune K gegen S aus § 433 Abs. 2 Alternative 1 BGB i. H. v. 100 Euro. Gemäß Sachverhalt ist die Rechnung jedoch erst zum 1. Oktober des laufenden Jahres fällig. Folglich ist die Gegenforderung derzeit nicht durchsetzbar.

Ergebnis: Es liegt mangels aktueller Durchsetzbarkeit der Gegenforderung keine Aufrechnungslage vor. Eine Aufrechnung i. S. v. §§ 387 ff. BGB scheidet mithin aus.

174 Diese Vorschriften sind vorliegend unmittelbar anwendbar, weil beide dargestellten Forderungen privatrechtlicher Natur sind.

Annex: Insofern kommt es auf die bestehende Hauptforderung oder die fehlende Aufrechnungserklärung nicht an.

Weil eine Aufrechnung Anfang September unzulässig ist, muss O aufgrund der vorgelegten Auszahlungsanordnung 75 Euro zur Auszahlung bringen.

Merke: Es kommt entscheidend auf den Fälligkeitstermin an. So ändert sich das Ergebnis, wenn z. B. die Rechnung der Kommune K für die Stadtpläne sofort, die des S bezüglich des Büromaterials z. B. erst in 30 Tagen fällig wäre.

zu 2.

Wie so häufig bei auf Antrag gewährten Leistungen der Kommune ist der für Tourismusangelegenheiten zuständigen Stelle das Verlangen von **Vorkasse** (vgl. exemplarisch auch § 16 LGebG) zu empfehlen. Dadurch könnte insgesamt die Beitreibung (sprich eine etwaige Mahnung bzw. gar Vollstreckung bei Nichtzahlung) zu diesem Falle vermieden werden, was der Wirtschaftlichkeitsgrundsatz gebietet. Auch würde der Kommune K das Insolvenzrisiko ihres Schuldners genommen, wenn dieser nach Erhalt einer Leistung der Insolvenz anheimfiele.

5 Verwaltung der Finanzmittel (und Wertgegenstände)

Bei der Verwaltung der Finanzmittel handelt es sich um eine praktisch wichtige Aufgabe. Sie umfasst

- die Sicherung der Zahlungsbereitschaft[175] (= Liquiditätssicherung; § 105 Abs. 1 GemO),
- die wirtschaftliche Verwaltung der Kassenmittel (ggf. zinsbringende bzw. „Strafzins" vermeidende Anlage) und
- die sichere Aufbewahrung und Beförderung der Finanzmittel.

Gemäß § 25 Abs. 2 Satz 1 Nr. 3 GemHVO[176] zählt diese Aufgabe zur Zahlungsabwicklung und stellt damit ein Kassengeschäft der Gemeindekasse dar. Dort nicht explizit aufgeführt ist die Verwaltung von Wertgegenständen, was aber offensichtlich ein Redaktionsversehen des Verordnungsgebers darstellt, weil dies nach § 29 Abs. 1 GemHVO ausdrücklich mittels einer ergänzenden Regelung der Dienstanweisung möglich bleibt.

5.1 Verwaltung der Finanzmittel

Zu den Finanzmitteln zählt man Bargeld, Schecks und (kurzfristige[177]) Guthaben auf den Girokonten ohne Geldanlagen. Nicht dazu gehören

- aus dem Finanzmittelbestand ausgeschiedene Geldanlagen, z. B. auf Sparkonten,
- etwaige Rücklagen,
- Bausparkonten,

---

175 Hervorgehoben dadurch, dass aus Sicherheitsgedanken zusätzlich in der Dienstanweisung für die Gemeindekasse ausdrücklich benannt werden muss, wer für die Sicherstellung der Zahlungsbereitschaft verantwortlich ist, siehe § 29 Abs. 2 Nr. 1 Buchst. c a. E. GemHVO.

176 Für die früher kameralen Detailregelungen vgl. §§ 19 bis 22 GemKVO.

177 Als Richtgröße hier verstanden bei Guthaben von ein bis 29 Tage, so bezeichnete Tagesgelder.

- Termingelder[178] und
- Wertpapiere[179].

Als Ausfluss des Grundsatzes der Einheitskasse gilt das Prinzip der zentralen Bewirtschaftung der Finanzmittel.

Die jederzeitige Aufrechterhaltung der Zahlungsbereitschaft setzt notwendig eine **Liquiditätsplanung** voraus (welche zusätzlich nach § 93 Abs. 5 Satz 1 GemO vorgeschrieben ist). Dazu bedarf es zwangsläufig frühzeitiger Informationen seitens der budgetverwaltenden Stellen, ggf. sind rechtzeitig Weisungen des Bürgermeisters einzuholen. So wäre es fatal, wenn die Gemeindekasse erst mit Eingang der Auszahlungsanordnung Kenntnis davon erlangt, dass sofort ein großer Betrag für eine schon lange geplante Baumaßnahme zu bezahlen ist[180].

5.1.1 Anlegung von Finanzmittelbeständen

Werden Finanzmittel vorübergehend nicht benötigt[181], sind diese so anzulegen, dass sie sicher – also vor Verlust geschützt – und Ertrag bringend sind. Unterschieden werden

- sog. Tagesgelder
  - Kurze Zeit bereitstehende Guthaben auf Girokonten dienen der Aufrechterhaltung des laufenden Zahlungsverkehrs. Logisch dafür zuständig muss die Gemeindekasse sein, damit auch für eine evtl. kurzfristige Anlage dieser Mittel, sofern sie absehbar nicht benötigt werden.
  - Die Anlage erfolgt dabei i. d. R. zum jeweiligen Tagesgeldzinssatz.
  - Meist gibt es keine feste Rückzahlungsvereinbarung (z. B. vereinbarte eintägige Kündigungsfrist o. Ä.).
- Geldanlagen, insbesondere „Festgelder“[182]
  - Werden Finanzmittel (wie auch Rücklagenbeträge) mittel- bis längerfristig nicht für die Aufrechterhaltung der Zahlungsbereitschaft benötigt, können damit bestimmte Wertpapiere oder Forderungen Ertrag bringend als Geldanlage erworben werden. Ungeachtet

---

178 Darunter versteht man solche Geldanlagen (i.d.R.) bei Kreditinstituten, deren Laufzeit bzw. Kündigungsfrist mindestens einen Monat beträgt.

179 Die Anlage von Zahlungsmittelbeständen in Aktien oder reine Aktienfonds ist nach § 78 Abs. 2 GemO verboten, vgl. dazu explizit auch VV Nr. 2.

180 Auch diesem Zweck dienen die im Thema Anordnungswesen kennengelernten „Vormerkungen“.

181 Zur grundsätzlichen Anlagepflicht bei vorübergehend nicht benötigten Mitteln der Sonderkasse zu Eigenbetrieben vgl. speziell § 12 Abs. 2 Satz 1 EigAnVO.

182 Vgl. weiterführend Schmid, KKZ 2008, 29 ff.

etwa abweichender Vorgaben der lokalen Dienstanweisung gilt generell, da es sich ja nicht um für die Kassengeschäfte aktuell benötigte Beträge handelt, dass grundsätzlich nicht die Gemeindekasse sondern – in aller Regel – die Kämmerei zuständig ist.

- Sie muss daher entsprechende Zahlungsanordnungen vorlegen.
- Geldanlagen können z. B. erfolgen in
  - Sparguthaben,
  - Termingelder,
  - Geldmarktpapiere,
  - den internationalen Finanzmarkt,
  - das Girokonto.

} **immer gilt:** sicher, ertragbringend, rechtzeitig verfügbar.

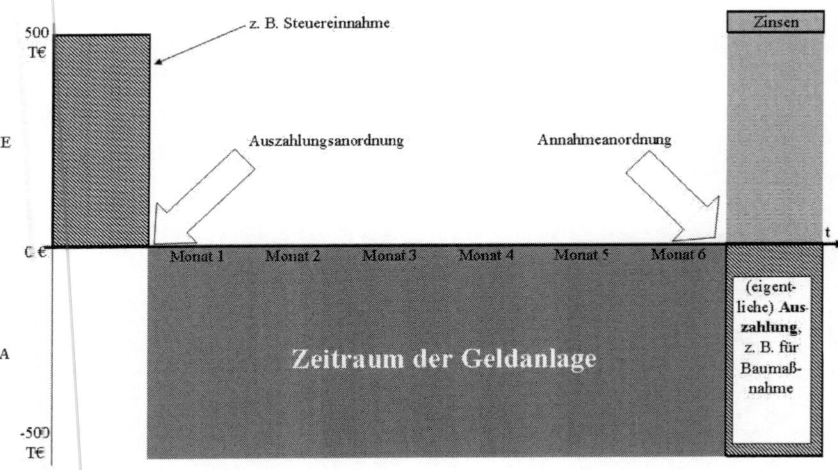

Abbildung 3: Schaubild Geldanlagen

Exkurs: An dieser Stelle werden enge Verknüpfungen zum Haushaltsrecht und der Praxis der Kämmerei einsehbar. Stets gilt abzuwägen, ob solche Mittel nicht doch kurzfristig als „Betriebsmittel" der Gemeindekasse benötigt werden, ob nicht besser evtl. Kredite zurückgeführt werden sollen, von solchen Geldern neue Vermögensgegenstände zu beschaffen sind usw. – mit allen damit zusammenhängenden haushaltsrechtlichen Fragen.

5.1.2 Liquiditätssicherung

Die tatsächliche finanzielle Lage etlicher Kommunen[183] rückt unser Blickfeld praxisnah hin zur manchmal, auch im Privatleben[184], aufkommenden Frage: Wie ist zu verfahren, wenn die Finanzmittel eben nicht ausreichen? Während Überlegungen, die Einnahmen zu erhöhen (beispielsweise durch den Verkauf nicht notwendiger Vermögensgegenstände, Anhebung von Gebührensätzen) oder die Ausgaben soweit möglich zu reduzieren, anderen Rechtsgebieten wie z. B. dem Abgaben- oder Haushaltsrecht (Stichwort: Einnahmebeschaffungsgrundsatz, § 94 Abs. 2 bis 4 GemO) zuzuordnen sind, dürften solche Maßnahmen in der kommunalen Praxis häufig schon ausgeschöpft sein. Dann bleibt einzig eine Kreditaufnahme[185].

Zu unterscheiden ist dabei grundsätzlich zwischen Investitionskrediten (§ 94 Abs. 4 GemO; vornehmlich für Anschaffungen und Baumaßnahmen) und den Krediten zur Liquiditätssicherung[186] (§ 105 Abs. 2 Satz 1

---

183 Vgl. ausführlich Rechnungshof Rheinland-Pfalz: Kommunalbericht 2020, S. 14 ff.; exemplarisch Timmler, Reicher Staat, arme Stadt, in: SZ Nr. 183 vom 10. August 2017, S. 20, daraus: „Vergleich der kommunalen Gesamtschulden nach Bundesländern. Während die kommunale Pro-Kopf-Verschuldung in Baden- Württemberg bei 744 Euro je Einwohner liegt, beträgt sie im Saarland 3733 Euro pro Einwohner – mehr als das Fünffache. Auch viele Kommunen in Rheinland-Pfalz und Nordrhein-Westfalen kämpfen mit Schuldenbergen – alle 17 am höchsten verschuldeten Kommunen Deutschlands liegen in diesen beiden Bundesländern." Enorme Auswirkungen werden von der klaren Entscheidung des Verfassungsgerichtshofes Rheinland-Pfalz erwartet (VGH Rheinland-Pfalz, Urteil vom 16. Dezember 2020 – VGH N 12/19, VGH N 13/19 und VGH N 14/19). Diese kippt das Landesfinanzausgleichsgesetz vor dem Hintergrund, dass künftig das Bundesland Rheinland-Pfalz nicht länger ausgehend vom eigenen Mittelaufkommen den kommunalen Finanzausgleich bedienen darf, sondern umgekehrt erst den Finanzbedarf der Kommunen zu ermitteln hat und daran dann den Finanzumfang auszurichten hat.

184 In einem evtl. Prüfungsgespräch zu kassenrechtlichen Themen kann tatsächlich der Vergleich zum Privatleben empfohlen werden. Abgesehen von kommunalen Besonderheiten wie dem Anordnungswesen oder der Sonderstellung des Kassenverwalters lassen sich Antworten durch einen solchen Vergleich teilweise herleiten. Auch Privatpersonen benötigen Finanzmittel, müssen bei Ansprüchen ggf. eine Mahnung oder gar eine Vollstreckung veranlassen, müssen ggf. Kredite aufnehmen usw. Dies funktioniert allerdings zu manchen Themenbereichen nicht. Beispielsweise wird zu Privatpersonen – insoweit gänzlich anders als zu öffentlich-rechtlichen Körperschaften – die Kreditvergabe zunehmend von Scoringwerten anhand digitaler Einträge in sozialen Medien abhängig gemacht, vgl. instruktiv schon früh Eichelberger, Your Facebook Friends Could Soon Prevent You From Getting a Loan, www.motherjones.com vom 27. August 2013.

185 Dabei darf vor dem aktuellen Zinsumfeld allerdings nicht verschwiegen werden, dass öffentlich-rechtliche Körperschaften (nicht zuletzt wegen ihrer Illiquidität qua Rechtsform) mit Kreditaufnahmen gar Erträge generieren, vgl. zum Bund schon seit 2015 exemplarisch SZ Nr. 81 vom 9. April 2015, S. 19. Bestätigend zu Kommunen insoweit Dohms/Freiberger/Schreiber, Niedrigzinsen machen erfinderisch, in: SZ Nr. 132 vom 10. Juni 2016, S. 21.

186 Frühere (kamerale) Bezeichnung: Kassenkredite; von der Ausgangslage bzgl. Privatpersonen vergleichbar mit dem sog. Dispo-Kredit.

GemO). Während die erstgenannten ausschließlich haushaltsrechtlichen Vorgaben unterfallen und praktisch der Zuständigkeit der Kämmerei unterliegen, dienen die letztgenannten zur Sicherstellung der Zahlungsbereitschaft und haben deshalb vorrangig Bezug zur Gemeindekasse. Gleichwohl ist die Gemeindekasse nicht für alle Tätigkeiten im Zusammenhang mit Krediten zur Liquiditätssicherung zuständig. Ausgehend davon, dass deren Aufnahme überhaupt nur bis zu dem in der Haushaltssatzung[187] festgesetztem Höchstbetrag möglich ist (§ 105 Abs. 2 Satz 1 GemO), zeigen sich auch hier enge Verknüpfungen zur Kämmerei. Ob für die Aufnahme solcher nicht geringfügiger Kredite – über die Kämmerei – die Entscheidung des Bürgermeisters einzuholen ist, bedarf der Regelung in einer Dienstanweisung (§ 29 Abs. 2 Nr. 3 Buchst. f GemHVO).

Betreffend die Aufnahme von Krediten zur Liquiditätssicherung können heute je nach lokalem Erfordernis der Bürgermeister bzw. Landrat, der Kämmerer oder der Kassenverwalter für zuständig erklärt werden. Für die mit einem solchen Kredit einhergehenden Zahlungsvorgänge, wie insbesondere dessen Rückzahlung, sind wiederum Kassenanordnungen notwendig, welche von der Kämmerei zu fertigen sind, da Kassenbedienstete schließlich keine Zahlungen anordnen dürfen (§ 106 Abs. 5 GemO). Die kassenmäßige Abwicklung dieses Kredites obliegt hingegen einzig der Gemeindekasse.

Zu beachten ist, dass Kredite zur Liquiditätssicherung nur zu dem Zweck aufgenommen werden dürfen, die erforderlichen Auszahlungen rechtzeitig zu leisten und dies auch nur, sofern keine anderen Mittel zur Verfügung stehen (§ 105 Abs. 2 Satz 1 GemO). Schon daraus leitet sich die Kurzfristigkeit solcher Kredite ab. Verstärkt wird dies durch die Vorgabe des Höchstbetrages in der jeweiligen Haushaltssatzung, wonach – beachtlich ist insofern auch der haushaltsrechtliche Grundsatz der Jährlichkeit (§ 95 Abs. 1 GemO) – grundsätzlich von einer Laufzeit solcher Kassenkredite von bis zu einem Jahr ausgegangen wird. Mit anderen Worten: Solche Kredite zur Liquiditätssicherung dürfen keinesfalls als allgemeine Deckungsmittel herangezogen werden. Der niedersächsische Staatsgerichtshof macht eindringlich klar, dass der ständige Einsatz von Liquiditätskrediten einen haushaltsrechtlichen Formenmissbrauch darstellt[188].

187 Vgl. auch § 95 Abs. 2 Satz 1 Nr. 2 GemO.

188 Vgl. StGH Niedersachsen, Urteil vom 7. März 2008 – StGH2/05, dargestellt von Hagemann, KKZ 2010, 40 f., der mit diesem Urteil eine konzeptionelle Schwachstelle des doppischen Systems aufgedeckt sieht, weil dieses keine geschlossene Lösung zur dauerhaften Sicherstellung der Liquidität bereithalte.

5.2 Verwahrung von Wertgegenständen und anderen Gegenständen

Wiederholend bedarf es nach § 29 Abs. 1 GemHVO gesonderter Regelungen in der Dienstanweisung für die Kasse, ob und ggf. wie diese auf Grundlage von Ein- und Auslieferungsanordnungen (Wert-)Gegenstände zu verwalten hat. **Wertgegenstände** in diesem Sinne stellen Wertpapiere, Urkunden, Wertzeichen (wie Eintrittskarten für kommunale Einrichtungen), sog. geldwerte Drucksachen (worunter auch Verpfändungserklärungen oder Sparbücher zu verstehen sind), Plaketten und Zeichen für Amtshandlungen (wie z. B. Kfz-Siegel usw.) dar, wohingegen als **bloße Gegenstände** Bürgschaftsurkunden oder Versicherungsschein zu verwahren wären.

Beispiel zur Verwaltung der Finanzmittel und (Wert-)Gegenstände

Sachverhalt:

Beim kommunalen Wasserwerk der Kommune K, welches als Eigenbetrieb der Kommune K (Sondervermögen i. S. v. § 80 Abs. 1 Nr. 3 GemO) geführt wird, ist Karl Valentin (KV) für die Kassengeschäfte zuständig. Privat setzt er für seine Altersvorsorge seit langem auf Aktien und hat sich im Freundeskreis einen guten Ruf als erfolgreicher Anleger erworben. Weil ihm schon längere Zeit aufgefallen ist, dass der Eigenbetrieb permanent Gelder auf dem Girokonto hat, die dieser auf absehbare Zeit nicht für die Aufrechterhaltung der Zahlungsbereitschaft benötigt, möchte er seine privat erlangten Anlegererfahrungen auch für das Wasserwerk und dessen Nutzer einsetzen. So kauft er für das Wasserwerk aus diesen nicht dringend benötigten Finanzmitteln Aktien großer Firmen (sog. Blue Chips), die als besonders sichere Wertanlage gelten. Er will mit deren überdurchschnittlich hohen Dividendenzahlungen sowie der von diesen Unternehmen erwarteten Wertsteigerung zusätzliche Erträge für das Wasserwerk generieren. Und tatsächlich beweist er erneut ein „glückliches Händchen“: Nach Verkauf der Aktien kann KV stolz im Jahresabschluss einen entsprechenden Ertrag von ca. 20 Prozent auf das ursprünglich eingesetzte Kapital verzeichnen. Dadurch lassen sich auf jeden Fall die Gebührensätze des Wasserwerkes für ein weiteres Jahr konstant halten. Erhöhungen sind mithin nicht notwendig.

Gleichwohl meldet Bürger B, der überdies Nutzer der Leistungen des Wasserwerkes ist, Bedenken an. Die ganze Sache hätte schließlich auch schief gehen können. Demnach sei nicht auszuschließen gewesen, dass sich der jetzt ausgewiesene Gewinn aufgrund der stark schwankenden Marktbewegungen in einen ebenso großen Verlust wandelte. Die Erhöhung der Gebührensätze wäre zwingende Folge gewesen. B ist der Ansicht, dass der Kauf von Aktien verboten sei.

Aufgabenstellung:

Hat B Recht?

Lösungsvorschlag[189]:

Zunächst ist zur Überprüfung der Beanstandung des Bürgers B festzustellen, dass das Wasserwerk der Kommune K ein Eigenbetrieb ist. Unter einem Eigenbetrieb versteht man ein wirtschaftliches Unternehmen ohne Rechtsfähigkeit, so auch § 80 Abs. 1 Nr. 3 Alternative 1 GemO, der selbiges als Sondervermögen definiert. Für Sondervermögen sind Sonderkassen[190] zu führen, welche jedoch mit der Gemeindekasse verbunden werden sollen, vgl. § 82 GemO und § 12 Abs. 1 EigAnVO.

Vorliegend geht es nun um die Frage, ob das Vorgehen des KV rechtmäßig war. Er könnte mit dem Aktienerwerb eine grundsätzlich zulässige Geldanlage betrieben haben. Denn wenn bestimmte Finanzmittel mittel- bis längerfristig nicht für die Aufrechterhaltung der Zahlungsbereitschaft benötigt werden, lassen sich damit bestimmte Wertpapiere oder Forderungen ertragbringend als Geldanlage erwerben. Dabei ist jedoch schon anhand § 12 Abs. 2 EigAnVO infrage zu stellen, ob KV als für die Sonderkasse zuständige Person überhaupt alleine Entscheidungen zur Geldanlage treffen durfte. Denn nach dieser Vorschrift sind vorübergehend nicht benötigte Kassenmittel jedenfalls in Abstimmung mit der Kassenlage der Kommune anzulegen. Weil der Sachverhalt keine anderslautende Regelung wie z. B. mittels einer Dienstanweisung ausweist, muss vom Grundsatz ausgegangen werden, dass bei der Kommune selbst die Kämmerei für Entscheidungen der Geldanlage zuständig ist. Diese hätte dann – ggf. über die Werkleitung[191] – entsprechend wenigstens beteiligt werden müssen[192], sodass vermutlich bereits die (alleinige) Zuständigkeit des KV abzulehnen ist.

Vielmehr ist sodann aber materiell zu beachten, dass Kommunen einem sog. **Spekulationsverbot** unterliegen. Dieses ist maßgeblich her-

189 Für Lernzwecke stark vereinfacht.

190 Merke: Die einzige Ausnahme zum Grundsatz der Einheitskasse, vgl. § 106 Abs. 1 Halbsatz 2 GemO.

191 Vgl. insbes. § 4 Abs. 1 EigAnVO.

192 Zum Weisungsrecht des Bürgermeisters allgemein vgl. § 6 Abs. 2 Satz 2 EigAnVO.

zuleiten aus § 78 Abs. 2 Satz 2 GemO, wonach Geldanlagen bei angemessenem Ertrag insbesondere sicher sein müssen[193]. Diese Vorschrift ist auch für Sondervermögen gem. § 80 Abs. 3 GemO anzuwenden. Stets ist danach sicherzustellen, dass die Mittel bei Bedarf wieder zur Verfügung stehen (so auch § 12 Abs. 2 Satz 2 EigAnVO). Dies trifft bei Aktien nicht zu, da selbst bei großen Unternehmen schlimmstenfalls ein Totalverlust der Aktienanlage nicht ausgeschlossen werden kann, wie z. B. auch die Insolvenz des Arcandor-Konzerns lehrt. Eine Aktienspekulation ist also für Kommunen, so auch vorliegend für das Wasserwerk in Rede eines Eigenbetriebes, nicht erlaubt. Indem KV trotzdem Aktien erwarb, hat er gegen das Spekulationsverbot verstoßen.

Ergebnis: Bürger B hat mit seiner Beanstandung recht.

Exkurs:

1. Das Vorgehen des KV könnte weiterführend Anlass für eine Beanstandung durch die Rechnungsprüfer bieten und personal-, ggf. gar disziplinarrechtliche Konsequenzen nach sich ziehen. Dabei wäre aber grundsätzlich zu berücksichtigen, dass er nur „das Beste“ für die Nutzer des Wasserwerkes und folglich nicht vorsätzlich seine Zuständigkeit überschreiten wollte[194].
2. Wenn – wie der Sachverhalt es darstellt – permanent für die Aufrechterhaltung der Zahlungsbereitschaft nicht benötigte Finanzmittel vorhanden sind, könnte dies darauf hindeuten, dass evtl. die Gebührensätze des Wasserwerkes zu hoch sind und es zu einer Abgabenübererhebung kommt. Zwar soll ein Eigenbetrieb einen Jahresgewinn inklusive einer marktüblichen Verzinsung des Eigenkapitals erzielen (vgl. § 11 VI EigAnVO). Sofern jedoch dauerhaft ein noch höherer Gewinn erwirtschaftet würde, – was sich allerdings anhand der Sachverhaltsangabe nicht abschließend feststellen lässt –, könnte über eine Gebührensenkung nachgedacht werden.
3. Für die – nach der Kassenlage vieler Kommunen womöglich praxisrelevanteren – Verstöße gegen das Spekulationsverbot im Zusammenhang mit der Aufnahme von Krediten (Stichworte: Derivate,

193 Wenngleich die genauen Kriterien des Spekulationsverbotes nicht normiert sind, vgl. OLG Frankfurt/Main, Urteil vom 4. August 2010 – 23U230/08 – Tz. 37, abrufbar z. B. unter www.juris.de m. w. N. Vgl. zur Untreuerelevanz insoweit auch BGH, Urteil vom 21. Februar 2017 – 1 StR 296/16.

194 Weshalb eine noch darüber hinausgehende strafrechtliche Verfolgung nicht infrage kommen dürfte.

Zinsswapgeschäfte[195] etc.) kann insbesondere auf das Urteil des OLG Frankfurt/Main vom 4. August 2010 – 23 U 230/08 – (mit vielen weiteren Nachweisen) verwiesen werden, abrufbar z. B. unter www.juris.de, ferner auf das Urteil des BGH vom 22. März 2011 – XI ZR 33/10 – abrufbar über die Entscheidungsdatenbank unter www.bundesgerichtshof.de.

195 Vgl. speziell zu potentiellen Schadenersatzansprüchen aus SWAP-Geschäften auch BGH, Urteil vom 28. April 2015 – XI ZR 378/13.

6 Buchführung

In den bisherigen Ausführungen kamen namentlich schon folgende Buchführungssysteme vor:

- Die **Kameralistik** (anderer Begriff: Verwaltungsbuchführung) mit ihrem modernen Unterfall der sog. erweiterten Kameralistik,
- das **kaufmännische (doppelte) Rechnungswesen**,
- die **kommunale Doppik**[196] und
- die **Kosten- und Leistungsrechnung** (kurz KLR).

Die letztgenannte Kosten- und Leistungsrechnung (§ 12 GemHVO) bildet das **interne Rechnungswesen**. Sie dient insbesondere der Ermittlung von Produkt- und Verrechnungspreisen. Beispiel: Nur nach ihr kann überprüft werden, ob der den Kommunen aktuell mit 60 Euro[197] bundesweit grundsätzlich vorgegebene Ausgabepreis für einen Reisepass tatsächlich die mit Beantragung, Verwaltung und Ausgabe von Reisepässen entstehenden Kosten deckt. In abgewandelter Form ist sie durch Verknüpfung mit der traditionellen Kameralistik in die sog. erweiterte Kameralistik integriert.

Zum **externes Rechnungswesen**[198] gehören hingegen die übrigen Buchhaltungssysteme. Ohne zu einem Lehrbuch für die Buchführung mutieren zu wollen, bedarf es deren Erläuterung in Grundzügen, weil sie für das Verständnis der aufbauenden kassenrechtlichen Besonderheiten unabdingbar sind.

---

196 Gelegentlich wird die kommunale Doppik nicht als eigenständiges Buchführungssystem sondern als Unterfall des kaufmännischen (doppelten) Rechnungswesens angesehen. Schuster arbeitet jedoch heraus, dass es sich vielmehr durch Verbindung von doppeltem und kameralem Rechnungswesen um eine völlig neue Form des Rechnungswesens handele, vgl. Schuster, KKZ 2008, 1 ff. und 25 ff. Dort wird auch dargestellt, dass die zahlreichen praktischen Umstellungsprobleme gerade auf einer fehlerhaften Gleichsetzung von kommunaler Doppik und kaufmännischem Rechnungswesen sowie „gravierend" auf der Geringschätzung der Gemeindekasse beruhen. Für diese Sicht spricht auch die Formulierung in § 93 Abs. 2 Satz 1 GemO: „Die Bücher sind nach den Regeln der doppelten Buchführung für Gemeinden zu führen."

197 Dieser Ausgabepreis bezieht sich auf einen „Standard"-Reisepass.

198 Anderer Begriff: pagatorische Rechnung. Sie bildet alle Transaktionen ab, die ein Betrieb mit Außenstehenden tätigt.

Dabei kann auf Ausführungen zur tradierten Kameralistik verzichtet werden, weil diese spätestens seit dem Haushaltsjahr 2009 in Rheinland-Pfalz abgeschafft wurde (vgl. § 1 Abs. 2 KomDoppikLG)[199]. Entgegen so mancher Behauptung verstarb sie jedoch nicht zu jener Zeit, sondern lebt gewandelt als dritte Komponente der kommunalen Doppik fort, denn: Der zentrale Zweck der Kameralistik lag darin, die **kassenmäßigen Vorgänge** (Geldbewegungen) **festzuhalten** und Unterlagen für die Rechnungslegung (**Jahresrechnung**) zu gewinnen. Mit der Rechnungslegung soll die Verwaltung gegenüber dem Rat und damit indirekt gegenüber den Bürgern den Nachweis der bestimmungsgemäßen Verwendung der Haushaltsmittel erbringen[200]. Durch die Buchung auf Finanzkonten und damit in der **Finanzrechnung** (als womöglich wichtigster der drei Komponenten) gilt es diesen Zweck auch heute zu erfüllen. Die Kreation dieser dritten Komponente zur klassischen doppelten Buchführung beseitigte zukunftsgerichtet deren entsprechendes Manko in Rede deren Unkenntnis über tatsächliche Geldbewegungen zur steten Sicherstellung der Liquidität (weshalb sich zu dieser im privaten Umfeld bereits seit langem das sog. „Cash Management" entwickelt hat). Insofern lässt sich interpretieren, dass es nicht zur Abschaffung[201] sondern zur Integration (jedenfalls gewisser Vorzüge) der Kameralistik in die kommunale Doppik kam.

6.1 Kaufmännisches Rechnungswesen

Private Wirtschaftsunternehmen streben Gewinne an. Das kaufmännische Rechnungswesen ist folglich zur möglichst optimalen Darstellung der Zielerreichung ausgelegt. Deshalb spielt hier das Gewinn- und Verlustkonto eine überragende Rolle, welches Erträge und Aufwände ausweist (§ 242 Abs. 2 HGB), deren Buchungen von den Bestandskonten abzugrenzen sind. Um dies zu ermöglichen, sind zunächst im Rahmen einer **Inventur** das Vermögen sowie die Schulden in einem **Inventar** (§ 240 HGB) festzuhalten. Vereinfachendes Muster:

---

199 Für historische Analysen kann insofern auf die Zusammenfassung zur Kameralistik unter diesem Kapitel in der ersten Auflage dieses Werkes verwiesen werden.

200 Vgl. Rau, Betriebswirtschaftslehre für Städte und Gemeinden, 1994, S. 306.

201 Auch an anderer Stelle kam es zur Adaption kameraler Grundprinzipien. So wie dort früher der Gliederungs- und Gruppierungsplan miteinander kombiniert wurden, werden dies heute der Produkt- und Kontenplan, vgl. dazu Schuster, KKZ 2005, 197 (199).

INVENTAR der Firma Geysirexploration Wolfgang Brubbel, Wallenborn, für den 31. Dezember 2020		
A. Vermögen		
I. Anlagevermögen:		
1. Grundstücke, grundstücksgleiche Rechte und Bauten einschließlich der Bauten auf fremden Grundstücken:		
Produktionshalle	2.200.000,00 €	
Verwaltungsgebäude	1.350.000,00 €	3.550.000,00 €
2. technische Anlagen und Maschinen (gem. Anlageverzeichnis Nr. 1)		4.250.000,00 €
3. andere Anlagen, Betriebs- und Geschäftsausstattung (gem. Anlageverzeichnis Nr. 2)		265.000,00 €
II. Umlaufvermögen:		
1. Roh-, Hilfs- und Betriebsstoffe (gem. Inventurliste Nr. 01)		388.000,00 €
2. unfertige Erzeugnisse, unfertige Leistungen (gem. Inventurliste Nr. 02)		422.000,00 €
3. fertige Erzeugnisse und Waren		
200 Dokumentationsbände zur Geysirprognose à 550,00 €	109.500,00 €	
50 Glaskugeln à 750,00 €	37.500,00 €	147.000,00 €
4. Forderungen aus Lieferungen und Leistungen		
G. A. Papandreou, Athen	1.575.000,00 €	
J. Gnarr, Reykjavík	225.000,00 €	1.800.000,00 €
5. Kassenbestand		2.250,00 €
6. Guthaben bei Kreditinstituten		
Deutsche Bank, Frankfurt	27.500,00 €	
DekaBank, Luxembourg	186.250,00 €	213.750,00 €
Summe des Vermögens		11.038.000,00 €
B. Schulden		
I. Langfristige Schulden:		
1. Hypothek der FMS Wertmanagement, München[202]		4.850.000,00 €
2. Darlehen der Heta Asset Resolution AG, Klagenfurt[203]		2.350.000,00 €
II. Kurzfristige Schulden:		
1. Verbindlichkeiten an Lieferer		
N. Leeson, Galway	413.000,00 €	
D. Hirst, London	1.275.000,00 €	1.688.000,00 €
2. sonstige Verbindlichkeiten (Steuer)		565.000,00 €
Summe der Schulden		9.453.000,00 €
C. Ermittlung des Eigenkapitals		
Summe des Vermögens		11.038.000,00 €
./. Summe der Schulden		9.453.000,00 €
Eigenkapital (Reinvermögen)		**1.585.000,00 €**

Das Inventar bildet die Grundlage der (Eröffnungs-)**Bilanz**, die wie folgt aussehen könnte:

202 Früher: Hypothek der Depfa, Dublin.
203 Früher: Darlehen der Hypo Alpe-Adria, Klagenfurt.

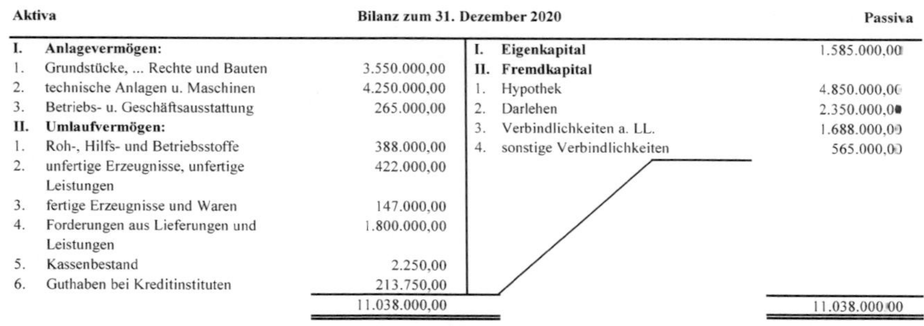

Aktiva	Bilanz zum 31. Dezember 2020			Passiva
I. Anlagevermögen:		**I. Eigenkapital**		1.585.000,00
1. Grundstücke, ... Rechte und Bauten	3.550.000,00	**II. Fremdkapital**		
2. technische Anlagen u. Maschinen	4.250.000,00	1. Hypothek		4.850.000,00
3. Betriebs- u. Geschäftsausstattung	265.000,00	2. Darlehen		2.350.000,00
II. Umlaufvermögen:		3. Verbindlichkeiten a. LL.		1.688.000,00
1. Roh-, Hilfs- und Betriebsstoffe	388.000,00	4. sonstige Verbindlichkeiten		565.000,00
2. unfertige Erzeugnisse, unfertige Leistungen	422.000,00			
3. fertige Erzeugnisse und Waren	147.000,00			
4. Forderungen aus Lieferungen und Leistungen	1.800.000,00			
5. Kassenbestand	2.250,00			
6. Guthaben bei Kreditinstituten	213.750,00			
	11.038.000,00			11.038.000,00

Diese **Bestandskonten** der Bilanz werden in einzelne (Aktiv- bzw. Passiv-) Konten aufgegliedert.

Soll	BGA[204]		Haben
AB[205]	265.000,00		

Zu buchen ist immer auf mindestens **zwei Konten** (daher doppelte Buchführung), bei Verkauf eines Gegenstandes der Geschäftsausstattung, bei dem der Betrag bar kassiert wird, vereinfachend:

Kasse an BGA 500,00 Euro

S	BGA		H
AB	265.000,00	**Kasse**	**500,00**

S	Kasse		H
AB	2.250,00		
BGA	**500,00**		

Am Jahresende sind die Bestandskonten dann in die Schlussbilanz zu übertragen

S	Kasse		H
AB	2.250,00	...	
BGA	500,00	**SB**[206]	**2.750,00**

Buchungen auf Bestandskonten haben keine Auswirkungen auf den Erfolg des Betriebes, d. h. das Passivkonto Eigenkapital bleibt unberührt.

204 Abkürzung für Betriebs- und Geschäftsausstattung; Anfangsbestand.
205 Anfangsbestand.
206 Schlussbestand.

Die Herstellung von Produkten (Aufwendungen) und deren Absatz (Erträge) sind jedoch erfolgswirksam und verändern die Position Eigenkapital. Die Aufwendungen und Erträge werden im **Gewinn- und Verlustkonto (GuV)** zusammengefasst.

Wichtige Definitionen in diesem Zusammenhang[207]:

Unter **Aufwendungen** versteht man jeden Werteverzehr eines Betriebes (an Gütern und Diensten) einer Abrechnungsperiode.

Unter **Erträgen** hingegen alle Wertzuflüsse eines Betriebes (die das Eigenkapital erhöhen) einer Abrechnungsperiode.

Merke:

S	Eigenkapital (EK)	H

↓

Aufwandskonten	Erfolgskonten	Ertragskonten

S	Gehälter	H
Aufwand		

S	„Umsatzerlöse“	H
		Ertrag

Die Aufwands- und Ertragskonten werden in das GuV-Konto abgeschlossen.

Beispiel:

Auf Grundlage des Buchungssatzes

Gehaltsaufwand an „Bank“[208] 20.000 Euro

bei angenommenen „Umsatzerlösen“ i. H. v. 50.000 Euro ergibt sich mit Abschlussbuchungen folgendes Bild:

207 Aufbauend auf Wöhe/Döring/Brösel, Einführung in die Allgemeine Betriebswirtschaftslehre, S. 631 ff.
208 Vereinfachend für obige Bilanzposition „6. Guthaben bei Kreditinstituten“.

S	„Bank“		H
AB	213.750,00	**Gehaltsaufwand**	**20.000,00**

S	**Gehaltsaufwand**		H
„Bank“	20.000,00	GuV	20.000,00

S	GuV		H
Gehaltsaufwand	20.000,00	„Umsatzerlöse“	50.000,00
EK (**Gewinn**)	30.000,00		

S	EK		H
SB		AB	1.585.000,00
	1.615.000,00	**GuV(Gewinn)**	**30.000,00**
	1.615.000,00		1.615.000,00

Merke:

- Weder Aufwands- und Ertragskonten noch das GuV-Konto haben Anfangsbestände.
- Jede Buchung erfolgt auf (mindestens) zwei Konten.
- Es muss immer (mindestens) einmal auf der Soll- und einmal auf der Habenseite gebucht werden.
- Soll- und Habenseite (bzw. Aktiv- und Passivseite) jedes Kontos müssen für jeden Buchungssatz sowie nach den Abschlussbuchungen zwingend übereinstimmen.

6.2 Kommunale Doppik

Aufgrund der sich über längere Zeiträume hinweg verschlechternden Haushaltssituation vieler Kommunen wurden schon früh Gedanken entwickelt, wie die Kommunalverwaltung modernisiert werden könnte[209]. Schnell wurde klar, dass lediglich kleinere Anpassungen ohne Ursachenbehandlung keine wesentlichen Besserungen hervorbringen. Deshalb wurden strategische Konzepte aufgestellt, wie die Abläufe in den Kommunen optimiert werden könnten. Das in Deutschland daraufhin wohl anfänglich bekannteste war das sog. **Neue Steuerungsmodell (NSM)**. Vereinfachend baut es auf der Idee auf, vermehrt auf Ausgangsgrößen (Stichwort: Outputsteuerung) zu achten. Demnach erlangen die seitens einer (Kommunal-)Verwaltung zu erstellenden Produkte wie z. B. die

209 Vgl. z. B. das sog. „Tilburger Modell“, ausgehend von der niederländischen Stadt Tilburg bereits 1986.

Ausgabe von Reisepässen, die Erteilung von Baugenehmigungen usw. größeres Augenmerk. Damit geht einher, dass bis dato sog. Querschnittsämter wie z. B. Haupt-, Personal- oder Finanzabteilung, welche kaum bis keine Bürgerkontakte aufweisen, in bisheriger Form aufgelöst werden sollen. Vielmehr sind einzelne Fachbereiche zu Produktgruppen zu bilden (z. B. „Bauen"), welche alle damit insbesondere dem Bürger gegenüber zu erbringenden Leistungen umfassen. Dort wären dann auch anteilig die Aufgaben der Personal- und Finanzverwaltung dieses Fachbereichs anzusiedeln.

Mit der stärkeren Gewichtung des Outputs gehen neue Anforderungen an die Buchführung einher. So versteht es sich, dass die kommunale Doppik einen Teilaspekt im Gesamtkonzept NSM darstellt. Ist die bisherige Buchführung alleine schon aus diesem Gedanken heraus wenigstens anzupassen, wird mit deren Umstellung zusätzlich das Streben nach intergenerativer Gerechtigkeit[210] verfolgt. Was bedeutet dies? In der Kameralistik wurde grundsätzlich nur der Geldverbrauch gemessen. Dies ermöglichte es, Lasten relativ einfach in die Zukunft zu verschieben. So wurden z. B. ausgehend in den 1970er Jahren zunehmend Beamte eingestellt. Schon mit ihrer Ernennung steht aber dem Grunde nach fest, dass für diese später einmal Pensionen zu zahlen sein werden. Weil in der Kameralistik dafür keine Rückstellungen o. Ä. zu bilden waren, sondern schlicht die laufenden Einnahmen die laufenden Ausgaben (mithin auch die monatlichen Beamtengehälter) decken mussten, kam es erst zunehmend zu Problemen, als vermehrt Beamte in Pension gingen. Denn nun mussten neben den laufenden monatlichen Beamtengehältern für die im Dienst befindlichen Beamten auch noch die monatlichen Pensionszahlungen für die im Ruhestand befindlichen Ex-Kollegen geleistet werden.

Diese Ausgaben waren durch Einnahmen zu decken, folglich bedurfte es stetig höherer Einnahmen, was u. a. zu Gebührenerhöhungen etc. führen musste. Heutige Nutzer kommunaler Dienstleistungen müssen nach kameralen Kalkulationen im Vergleich somit ggf. für gleiche Leistungen deutlich höhere Entgelte entrichten, als dies Nutzern in den 1980er Jahren aufgebürdet wurde. Diese Lastenverschiebung auf künftige Generationen – denn die heutigen Pensionsverpflichtungen waren bei den in den 1980er Jahren noch aktiven Beamten schon absehbar – soll durch die nunmehr in der kommunalen Doppik maßgebliche Messung des **Ressourcenverbrauchs** weitgehend unterbunden werden. Dies führe zur in-

210 Vgl. Schuster, KKZ 2008, 1 (4).

tergenerativen Gerechtigkeit, wonach künftig – in Kurzform – der Nutzerkreis die Kosten trüge, die er verursacht habe[211].

Diese Auffassung wird teils kritisch beurteilt. So stelle z. B. das jetzige Ressourcenverbrauchskonzept einzig auf die Ergebnisrechnung ab, mindestens ebenso wichtig sei aber die verursachungsadäquate Aufteilung von Zahlungslasten. Zudem könne aktuell insoweit nicht von intergenerativer Gerechtigkeit gesprochen werden, weil die heutigen Nutzer „Altlasten" früherer Generationen mit ihren Zahlungen und zusätzlich aufgrund des neuen Rechnungswesens einkalkulierte Rückstellungen[212] etc. tragen müssten. Auch sei durch diese kostenintensive Umstellung das generelle Finanzproblem der Kommunen nicht zu beheben[213]. Wertneutral kann letztlich festgehalten werden, dass sich der Gesetzgeber für das Ressourcenverbrauchskonzept entschieden hat. In entsprechender Adaption bildet beispielsweise das Ressourcenverbrauchskonzept eine maßgebliche Grundlage der rheinland-pfälzischen kommunalen Doppik. Diese hat aber – bewusst abweichend vom NSM bzw. allgemein dem seither geänderten Landesrecht des Vorläufers NRW – das Kassenrecht inhaltlich trotz der Systemumstellung in seiner starken Ausgestaltung belassen und damit die dritte Komponente, abzielend gerade auf die tatsächlichen Geldströme, eigenständig wie gewichtig ausgeprägt[214].

Deren **Kerngedanken** zusammengefasst: Die Steuerung der Verwaltung soll nicht mehr durch die Bereitstellung von Mitteln (Inputsteuerung), sondern durch die **Vorgabe von Zielen** für die kommunale Dienstleistung (**Outputsteuerung**) bewirkt werden. Neben einer zuverlässigen Messung und Prognose der Einnahmen und Ausgaben wie in der traditionellen Kameralistik ist der gesamte Aufwand und Ertrag nach dem

211 Vgl. insoweit zur Generationengerechtigkeit des Buchführungssystems Mühlenkamp/Sossong Generationengerechtigkeit durch GoB-basierte Jahresabschlüsse staatlicher Gebietskörperschaften?, in: Speyrer Arbeitsheft 219.

212 Dazu ausführlich Klomfaß, Zur Sinnhaftigkeit der Bildung von Urlaubsrückstellungen, in: Der Gemeindehaushalt 2018, 187 ff. sowie ders., Urlaubsrückstellungen – Duplik auf die Replik von Prof. Dr. Martin Richter, in: Der Gemeindehaushalt 2018, 43 ff. (Anm: seither wird die Unzulässigkeit nicht weiter infrage gestellt).

213 Vgl. zu alledem Weber, Intergenerative Gerechtigkeit mit dem Ressourcenverbrauchskonzept, S. 68 ff.

214 In dieser Hinsicht z. B. auch durch die bewusste Trennung der Finanzrechnung von den übrigen beiden Komponenten (d. h. keine bloße Ableitung der Finanzkonten hinsichtlich der tatsächlichen Darstellung der Finanzmittelbestände sondern statische Mitbuchung der Finanzkonten im separaten Rechenwerk der Finanzrechnung) jedenfalls abweichend sowie ggf. besser durchdacht als das System von Baden-Württemberg (vgl. zu den Unterschieden Mühlenkamp/Glöckner, Rechtsvergleich Doppik, Kapitel 4: Finanzhaushalt und Finanzrechnung, S. 4-38).

Ressourcenverbrauchskonzept zu erfassen[215]. Dem folgend weist der moderne kommunale Haushaltsplan Zielvorgaben (also Planwerte) auf Produktebene aus, deren Umsetzung unverändert insbesondere der Gemeindekasse obliegt. Auch heute sind mithin das Haushaltsrecht und das Kassenwesen sehr eng miteinander verbunden.

Wie bereits angemerkt[216], handelt es sich bei der kommunalen Doppik nicht lediglich um eine Abwandlung des kaufmännischen Rechnungswesens. Vielmehr wird versucht, bewährte Methoden der Kameralistik mit den Prinzipien der doppelten Buchführung zu verbinden. Völlig neu dabei ist das sog. **Drei-Komponenten-System**[217], das sich wie folgt zusammensetzt:

- Die **Bilanz** mit Vermögens- und Schuldenrechnung (§ 47 GemHVO),
- die **Ergebnisrechnung** mit Ertrags- und Aufwandskonten (§ 2 GemHVO) und
- die **Finanzrechnung** mit Einzahlungen und Auszahlungen (§ 3 GemHVO).

Wird beachtet, dass für interne Zwecke die Kosten- und Leistungsrechnung (KLR) zu führen ist, könnte man insoweit von einem **Vier-Komponenten-System** sprechen[218] Gemäß § 28 Abs. 9 Satz 1 GemHVO sind diese Komponenten in einem geschlossenen System zu führen, weshalb von einer **integrativen Verbundrechnung** gesprochen wird.

Fazit:

Das Buchführungssystem der kommunalen Doppik gründet zunächst auf der kaufmännischen (doppelten) Buchführung in der auf kommunale Bedürfnisse abgewandelten Form (beispielsweise durch unterschiedliche Begriffe wie der Ergebnis- anstelle der Gewinn- und Verlustrechnung, bis hin zu weitgehend inhaltlich abweichenden Vorgaben wie der zwingenden Verwendung eines speziellen Kontenrahmenplans[219] und der direk-

215 Vgl. exemplarisch Auszug aus der Sammlung der zur Veröffentlichung freigegebenen Beschlüsse der 173. Sitzung der Ständigen Konferenz der Innenminister und -senatoren der Länder vom 21. November 2003, hier S. 2 und 6 (abrufbar unter https://www.innenministerkonferenz.de/IMK/DE/termine/to-beschluesse/2003-11-21/beschluesse.pdf; zuletzt abgerufen am 30. April 2021).

216 Vgl. Fn. 196.

217 Vgl. Schuster, KKZ 2005, 197 (198).

218 Gem. § 28 Abs. 9 Satz 1 GemHVO sind diese Komponenten in einem geschlossenen System zu führen, Ähnliches gilt in Nordrhein-Westfalen, in diesem Zusammenhang wird häufig der Begriff der integrativen Verbundrechnung verwandt.

219 Vgl. § 2 Abs. 2 bzw. § 3 Abs. 2, § 28 Abs. 11 GemHVO i. V. m. der VV Gemeindehaushaltssystematik (VV-GemHSys) und deren zugehöriger Anlage 2.

ten Zuordnung zu Produkten auf Grundlage eines Produktrahmenplans[220]). Aussagekräftige Angaben zur Vermögens- und Schuldensituation soll die Bilanz gewähren. Hinzu kommt die gerade zur Beurteilung der tatsächlichen Finanzierungssituation maßgeblich wirkende dritte Komponente in Rede der Finanzrechnung. All diese (zusätzlichen) Daten dienen besseren Steuerungsmöglichkeiten.

Umgekehrt erfordern sie allerdings grundsätzlich höheren Erfassungs- und Pflegeaufwand. Exemplarisch kann dies am Beispiel einer modernen Auszahlungsanordnung abgelesen werden:

Beispiel (Auszug, überwiegend fiktive Daten):

Auszahlungsanordnung

an die Gemeindekasse G

… Zahlungsempfänger:

Kreditorennr.	0815	
Name	Gebäudemanagement XY-GmbH	
(Anschrift, Bankverbindung, Zeichen des Kreditors usw.)		
… Sachkonto	5621	(Mieten, Pachten)
Produkt	3650	(Tageseinrichtungen für Kinder)
(ggf. zusätzlich Leistung)		
Kostenstelle	5111	(Kita Gartenstraße)
Finanzposition	7621	(Mieten, Pachten)
Finanzstelle	5111	
Fälligkeit	01.12.2020	
Betrag	10.500,00 Euro	

(weitere Angaben zu Grund, Zahlweg, Unterschriften usw.)

…

Immerhin kann der erhöhte Erfass- und Pflegeaufwand jedoch durch moderne Technik jedenfalls teilweise automatisiert aufgefangen werden (z. B. durch Ableitungen zwischen den verschiedenen Kontenbereichen oder Plausibilitätsprüfungen überhaupt nur zulässiger Kontenkombinationen). Die mit Umstellung auf die kommunale Doppik bezweckte höhere Transparenz ist durch deutlich umfassendere Informationen und da-

220 Vgl. § 4 Abs. 2, § 28 Abs. 3 GemHVO i. V. m. Anlage 1 zuVV-GemHSys.

mit einer wesentlich besseren Realitätsabbildung gegeben. Höhere Transparenz in diesem Sinne darf aber nicht mit einer leichteren Entscheidungsfindung verwechselt werden. Wenn vielschichtige wie aufeinander bezogene Daten auf Entscheidungsträger stoßen, welche sich mit der Drei-Komponenten-Rechnung nur rudimentär auskennen bzw. auseinandersetzen können, mag dies die Entscheidungsfreude hemmen. In dieser Hinsicht kann es im Einzelfall bei besonders wichtigen Entscheidungen sinnvoll sein, sich – trotz umfangreich vorliegender Daten – nur auf ausgewählte einzelne Informationen zu fokussieren.

Beispiel:

In vielen Kommunen werden – handelsrechtliche Buchführungsvorgaben adaptierend – Rückstellungen für nicht in Anspruch genommenen Jahresurlaub gebildet. Stellt die (sofern überhaupt zulässige) Urlaubsrückstellung – welche bereits in Relation zur Gesamtsumme kommunaler Rückstellungen (insbesondere für Pensionen) regelmäßig nur minimal wirkt, ebenso deren jährliche Veränderungen in Bezug auf das Jahresergebnis – aber eine wesentliche Einflussgröße zum Jahresabschluss dar, welcher schließlich die maßgebliche Grundlage zu den jährlichen Entlastungserteilungen bildet (vgl. § 114 Abs. 1 GemO)? Dann kann es schon aus dieser Perspektive geboten sein, den beschlussfassenden Gemeinde- bzw. Stadtrat (oder Kreistag) nicht mit Daten z. B. zur Urlaubsrückstellung zu überfrachten, um dessen Fokussierung auf die Entlastungserteilung auf Basis wesentlicher Ergebnisse nicht zu verwässern[221].

Wegen örtlich divergierender Produktpläne sind zudem Kommunalvergleiche nur eingeschränkt möglich. Die Zukunft wird zeigen, ob dies durch die verbesserten Steuerungsmöglichkeiten aufgefangen werden kann.

Beschäftigen wir uns kurz mit wichtigen inhaltlichen Anforderungen an die Buchführung nach kommunaler Doppik. Stets sind die **Grundsätze ordnungsmäßiger Buchführung** (**GoB**) einzuhalten (§ 93 Abs. 2 Satz 2, § 108 Abs. 1 Satz 3 GemO, § 27 Abs. 2, § 28 Abs. 6 GemHVO). Bei diesen handelt es sich häufig um ungeschriebenes Recht, weitgehend entwickelt aus Handelsbräuchen von Kaufleuten. So lässt sich die Leitmaxime folglich auch § 238 Abs. 1 Satz 2 HGB entnehmen: „Die Buchfüh-

221 So explizit Klomfaß, GdeHh 2019, 43 (44); erwidernd auf dessen Replik in GdeHh 2019, 9 ff. Diese bezieht sich wiederum auf Klomfaß, GdeHh 2018, 187 ff. (dort auch mit dem Ergebnis der – jedenfalls in Rheinland-Pfalz – festzustellenden Unzulässigkeit von Urlaubsrückstellungen).

rung muß so beschaffen sein, daß sie einem sachverständigen Dritten innerhalb angemessener Zeit einen Überblick über die Geschäftsvorfälle und über die Lage des Unternehmens vermitteln kann." Modifiziert für Gemeinden findet sich diese in § 28 Abs. 1 GemHVO. Die Grundsätze der Vollständigkeit, materiellen Richtigkeit, periodengerechten Abgrenzung, Zeitfolge, Klarheit und Nachprüfbarkeit gehören zu ihnen.

Ausdrücklich verboten ist ferner eine Unkenntlichmachung von Buchungen (§ 28 Abs. 7 GemHVO). Es darf keine Buchung ohne Beleg geben (§ 28 Abs. 8 GemHVO). Als Buchungsbelege kommen infrage: Eingangsrechnungen, Bescheide bzw. Ausgangsrechnungen, Bankauszüge, Kassenbelege usw. Primär sind diese (digitalen) Belege zur Begründung bzw. Dokumentation der Buchungen vorgeschrieben, z. B. auch als Grundlage von Kassenanordnungen, um diese überhaupt nachvollziehen zu können, aber: Nicht nur. Solchen Belegen kommt durchaus häufiger in nachfolgenden Verfahren eine weitere Bedeutung zu. Exemplarisch sei z. B. § 174 Abs. 1 Satz 2, Abs. 2 InsO erwähnt, wonach Forderungen zum Insolvenzverfahren stets unter Beifügung begründender Unterlagen anzumelden sind. Oder: Eine Vollstreckung öffentlich-rechtlicher Forderungen ist grundsätzlich nur auf Grundlage von Verwaltungsakten zulässig (§ 2 LVwVG). Spätestens bei Einleitung von Vollstreckungsmaßnahmen bedürfte es daher ohnehin dieser (grundsätzlich digitalen) Unterlage. Wenn die Belegverwaltung oft auch als lästig und Aufwand verursachend wahrgenommen wird, kommt ihr gleichwohl eine nicht zu unterschätzende Funktion zu – auch hinsichtlich der Dokumentation rechtmäßigen Handelns z. B. den Rechnungsprüfern gegenüber.

Die **Aufbewahrungsfristen** solcher Unterlagen finden sich in § 30 GemHVO. Insbesondere nach Absatz II sind Eröffnungsbilanz und Jahresabschlüsse dauerhaft aufzubewahren, Bücher, Inventare, Rechenschaftsberichte sowie Anhänge und Anlagen zehn Jahre, sonstige Belege sechs Jahre. Auf die Möglichkeit der teilweisen Vorhaltung solcher Unterlagen auf Bild- oder Datenträgern nach § 30 Abs. 3 Satz 2 GemHVO wird hingewiesen.

Welche **Bücher** muss es in der kommunalen Doppik nun geben? Schon beim Thema Zahlungsverkehr spielten das Journal und das (neue) Sachbuch[222] als Oberbegriff der darunter zusammengefassten Sachkonten eine Rolle, Nebenbücher treten hinzu. Wenden wir uns kurz dem **Journal** zu. Nach § 28 Abs. 4 Satz 1 GemHVO sind alle Buchungen darin nach zeitlicher Ordnung vorzunehmen. Es ermöglicht folglich Auswer-

222 Zum Begriff siehe Schuster, KKZ 2008, 25 (26).

tungen in zeitlicher Folge (§ 28 Abs. 3 GemHVO), z. B. ob und ggf. wann bestimmte Zahlungen bereits geleistet wurden. Es ist vergleichbar mit dem aus der Kameralistik bekannten Zeitbuch bzw. dem Grundbuch des kaufmännischen Rechnungswesens.

Das (neue) **Sachbuch** mit seinen **Sachkonten** hingegen weist alle Buchungen in sachlicher Ordnung aus, vgl. § 28 Abs. 4 und 5 GemHVO[223]. Buchungen müssten dort mindestens eine eindeutige Belegnummer, den Buchungstag, einen Hinweis zum Gegenkonto und den Betrag angeben. Bezogen auf den vorgegebenen Kontenrahmenplan ermöglicht es folglich Auswertungen in sachlicher Ordnung (§ 28 Abs. 3 GemHVO). In Bezug auf die Buchung auf je mindestens zwei Konten mit Soll- und Habenbuchung kann auf obige Ausführungen zum kaufmännischen Rechnungswesen verwiesen werden.

§ 28 Abs. 4 Satz 2 GemHVO zeigt auf, dass vorstehende verpflichtende Bücher durch **Nebenbücher** ergänzt werden können[224]. Ob und ggf. welche Nebenbücher geführt werden, entscheidet der Bürgermeister bzw. Landrat (§ 28 Abs. 4 Satz 4 GemHVO). Sind solche eingerichtet, müssen sie regelmäßig (mindestens monatlich) mit dem Sachkonto abgeglichen werden (§ 28 Abs. 4 Satz 3 GemHVO). Als (oft ausschließlich digitale) Nebenbücher kommen infrage:

- **Kontogegenbücher**: Sie dienen dem Nachweis des Bestands und der Veränderungen auf den für den Zahlungsverkehr bei Geldinstituten errichteten Konten der Gemeindekasse. Für jedes von der Gemeinde unterhaltene „Bankkonto" ist ein solches Buch (jedenfalls teil-)automatisiert zu führen, um permanent dessen Kontostand mit der eigenen Buchführung abgleichen zu können.
- Eng damit verbunden wäre (da kaum praxisrelevant) das **Schecküberwachungsbuch**: Hierin sind alle ausgegebenen bzw. angenommenen Schecks festzuhalten.
- Ein Nebenbuch für die **Debitoren-**[225] **bzw. Schuldnerbuchhaltung**: Entscheidet sich der Bürgermeister bzw. Landrat für die Einrichtung einer Organisationseinheit namens Debitorenbuchhaltung, sind dort alle Forderungen zu erfassen und zu verwalten (moderner Begriff: Forderungsmanagement). Dann kann die Führung eines Nebenbuches

223 Entsprechend im kaufmännischen Rechnungswesen dem dortigen Hauptbuch; in der seinerzeitigen Kameralistik ebenfalls dem Sachbuch.

224 Seitens des Fachverbandes wird darauf hingewiesen, dass der Begriff des Vorbuches treffender sei, vgl. Fachverband der Kommunalkassenverwalter (Hg.): Handbuch für das Kassen- und Rechnungswesen, Kapitel 20.9, S. 12 f.

225 Vgl. zum Begriff exemplarisch Schuster, KKZ 2008, 25 ff.

für diese Organisationseinheit sinnvoll sein, insbesondere im Hinblick auf die Einleitung und Steuerung von Mahn- bzw. Vollstreckungsläufen.

- Spiegelbildlich ist ein Nebenbuch für die **Kreditoren- bzw. Lieferantenbuchhaltung** denkbar: Hier wären die (digitalen) Eingangsrechnungen (siehe obiges Stichwort der XRechnung) zu bearbeiten, die entsprechenden Stammdaten sowie die Kontokorrentbeziehungen zu verwalten (vertragliche Austauschverhältnisse, insbesondere bei dauerhaften Verträgen bedeutsam).
- Das **Rechnungseingangsbuch**[226]: Je nach örtlichen Erfordernissen kann die (Vorab-)Erfassung eingehender Rechnungen (insbesondere bei zentralem Rechnungseingang) sinnvoll sein, um z. B. anlässlich von Mahnungen einzelner Lieferanten nachvollziehen zu können, ob schon irgendwo innerhalb der Gemeindeverwaltung eine bestimmte Rechnung in Bearbeitung ist. Sinnvoll scheint ein solches Buch bei größeren Kommunen wohl nur dann, wenn es seitens der eingesetzten Finanzsoftware weitgehend automatisiert geführt werden kann.
- Ein Nebenbuch für die **Lohn- und Gehaltsbuchhaltung**: Hieraus ergeben sich Einzeldaten zu Lohn- und Gehaltsabrechnungen. Im eigentlichen Sachkonto wären dann „nur" die saldierten (Aus-)Zahlbeträge ersichtlich.
- Das **Tagesabschlussbuch**: Hierin sind die Ergebnisse des täglichen Abgleichs (§ 25 Abs. 6 Satz 1 GemHVO) zu dokumentieren.

Weitere Nebenbücher können von den Kommunen nach dem jeweiligen Bedarf kreiert werden. Zweck aller dargestellten Nebenbücher ist dabei die Gewinnung relevanter zusätzlicher Detailinformationen bei Entlastung der verpflichtend zu führenden Sachkonten.

226 Vgl. z. B. Fachverband der Kommunalkassenverwalter (Hg.), Handbuch für das Kassen- und Rechnungswesen, Kapitel 37.2, S. 6.

Übungsfragen zum Thema Buchführung

1. Welche verschiedenen Buchführungssysteme gibt es? Nennen Sie mindestens drei.
2. Welche Prinzipien liegen dem kaufmännischen Rechnungswesen zugrunde?
3. Was ist der Unterschied zwischen internem und externem Rechnungswesen?
4. Welches interne Rechnungswesen findet (jedenfalls indirekt anteilig) auch bei Kommunen Anwendung? Und warum?
5. Stellt die kommunale Doppik einen Unterfall des kaufmännischen Rechnungswesens dar? Begründen Sie Ihr Ergebnis kurz.
6. Auf welchen wichtigen Ansätzen basiert die kommunale Doppik? Begründen Sie Ihr Ergebnis gerade auch in Abgrenzung zum kaufmännischen Rechnungswesen.
7. Gehört die Aufgabe der Buchführung zu den Kassengeschäften, mithin zur Zuständigkeit der Gemeindekasse?
8. Welche Bücher muss die Gemeindekasse verpflichtend, welche Nebenbücher kann sie freiwillig führen?

7 Kassenrechtliche Abschlüsse

§ 25 Abs. 6 GemHVO schreibt vor: „Die Finanzmittelkonten sind am Schluss des Buchungstages oder vor Beginn des folgenden Buchungstages mit den Finanzmittelbeständen abzugleichen. Am Ende des Haushaltsjahres sind sie für die Aufstellung des Jahresabschlusses abzuschließen, und der Bestand an Finanzmitteln ist festzustellen." Mithin bedarf es mindestens eines sog. Tages- und eines Jahresabschlusses. Zwischenabschlüsse (z. B. monatlich, quartalsweise) sind jedoch ebenfalls üblich. Genaue Vorgaben zur täglichen Abstimmung und zur Jahresabstimmung müssen jedenfalls in einer Dienstanweisung festgelegt werden (vgl. § 29 Abs. 2 Nr. 1 Buchst. e und f, Abs. 1 GemHVO).

Abschlüsse sind vorgeschrieben zur

- Kontrolle (der Kasse) und
- Ermittlung der Ergebnisse.

7.1 Täglicher Abgleich (sog. Tagesabschluss)

Wie gesehen, sind an jedem Buchungstag die Finanzmittelkonten mit den Beständen abzugleichen und sinnvollerweise im Tagesabschlussbuch (Nebenbuch) nachzuweisen. Das heißt, die tatsächlich z. B. in der Barkasse, auf Girokonten etc. vorhandenen Zahlungsmittel (Istbestand) müssen mit den in der Buchführung ausgewiesenen Beträgen übereinstimmen (Sollbestand).

7.2 Zwischenabschlüsse

Ausdrückliche Vorschriften zu verbindlichen Zwischenabschlüssen gibt es nicht mehr. Werden aber Nebenbuchhaltungen geführt, sind diese mindestens monatlich in die eigentlichen Sachkonten zu übernehmen (§ 28 Abs. 4 Satz 3 GemHVO), sofern die eingesetzte Technik nicht ohnehin automatisch – z. B. mittels Nachtläufen – die tägliche Übernahme gewährleistet. Diese mindestens monatliche Abrechnung mit der Gemeindekasse gilt übrigens auch für die eingerichteten Zahlstellen oder die ausnahmsweise geführten Hand- bzw. Wechselgeldvorschüsse[227]. Es empfiehlt sich in diesem Zusammenhang ggf. auch die Vornahme monatlicher Zwischenabschlüsse. Sie sollten immer an gleichbleibenden Tagen (z. B. immer zum Monatsersten o. ä.) durchgeführt werden, um durch die Kontinuität die Vergleichbarkeit zu früheren Daten zu gewährleisten. Zwischenabschlüsse entlasten die Jahresabschlussarbeiten und können überdies unterjährig Grundlage politischer Entscheidungen sein.

Beispiel:

TAGESABSCHLUSS

zum Buchungstag 17. April 2020

1. Kassensollbestand:		Kassenbestand des Vortages	58.350,00 €
	+	Einzahlungen lt. Journal	46.300,00 €
	./.	Auszahlungen lt. Journal	57.550,00 €
	=	Kassensollbestand neu	47.100,00 €
2. Kassenistbestand:		Bargeld	2.250,00 €
		Kontenbestände	
	+	1. Sparkasse X	28.880,00 €
	+	2. Bankkonto Y	570,00 €
	+	3. Festgeldkonto Z	15.400,00 €
	=	Kassenistbestand	47.100,00 €
3. Gegenüberstellung:		1. Kassensollbestand	47.100,00 €
	./.	2. Kassenistbestand	47.100,00 €
	=	Kassendifferenz	0,00 €

~~Kassenüberschuss:~~
~~Einzahlung auf Konto XXX~~
~~Journal-Nr.:~~ ____________

~~Kassenfehlbetrag:~~
~~Der Fehlbetrag wurde vom Kassierer XXX ersetzt~~

Bemerkungen: keine

Unterschriften:

Musterhausen, 20. April 2020 — Werner / Johanns / Valentin

Ort, Datum — Kassierer / Buchhalter / Kassenverwalter

---

227 Vgl. dazu bestätigend auch VV Nr. 4 bzw. 5 zu § 25 GemHVO.

7.3 Jahresabschluss aus Kassensicht

Im Jahresabschluss (§§ 108, 113, 114 GemO, §§ 43 ff. GemHVO) werden die Ergebnisse der Haushaltswirtschaft eines Haushaltsjahres ausgewiesen. Hier kulminieren die Resultate der schon mehrfach dargestellten Drei-Komponenten-Rechnung

- im bilanziellen Ausweis des Vermögens- und Schuldenstandes,
- über die Summen der Erträge und Aufwendungen in der Ergebnisrechnung und
- in den Summen der Einzahlungen und Auszahlungen in der Finanzrechnung.

Der Jahresabschluss setzt einen Schlusspunkt und gilt als Gegenstück zu Haushaltssatzung nebst -plan, indem er die Planerfüllung ausdrücken soll. Deshalb wird er auch ähnlich aufgebaut: So wie dem Haushaltsplan z. B. diverse Anlagen beizufügen sind (§ 1 Abs. 1GemHVO) und er in Ergebnis-, Finanz- und ggf. Teilhaushalte nach bestimmten Strukturen (insbesondere nach Kontenplan) zu gliedern ist, müssen auch beim Jahresabschluss möglichst diese Strukturen beibehalten (§ 43 Abs. 1 GemHVO) und diverse Anhänge beigefügt werden (§ 48 GemHVO). Adressat des Jahresabschlusses ist vor allen Dingen der Gemeinderat[228] bzw. Kreistag. Dessen Entlastungsentscheidung in Bezug auf die ordnungsgemäße Wahrnehmung der Verwaltungsaufgaben durch den Bürgermeister bzw. Landrat liegt der Jahresabschluss maßgeblich zugrunde (vgl. § 114 Abs. 1 Satz 2 sowie § 32 Abs. 2 Nr. 3 GemO).

Insbesondere die Ergebnisermittlung dient zur Vorbereitung des haushaltsrechtlichen Jahresabschlusses. Wichtiger Part der Gemeindekasse in diesem Zusammenhang ist die Finanzrechnung, § 45 GemHVO. Gerade bei den nach § 4 GemHVO angemessen zu bildenden Teilhaushalten, also z. B. einem Teilhaushalt für den Kulturbereich, müssen ausdrücklich auch die um Leistungsmengen und Kennzahlen ergänzten Ist-Zahlen ausgewiesen werden (§ 46 Abs. 4 GemHVO). Ebenso trägt die Kasse letztlich bezüglich der Finanzmittelkonten die Verantwortung für einen richtigen Bilanzausweis, z. B. bzgl. des Kassenbestandes nach § 47 Abs. 4 Nr. 2.4 GemHVO. Außerdem ist sie bei Erstellung des Rechenschaftsberichtes zu Fragen der Finanzlage zu beteiligen (§ 49 Abs. 2 GemHVO). Arbeitsintensiv dürfte für die Gemeindekasse die korrekte Erstellung der nach § 51 GemHVO vorgeschriebenen **Forderungsübersicht** sowie der **Verbindlichkeitenübersicht** nach § 52 GemHVO ausfallen.

---

228 Vgl. § 110 Abs. 2 Satz 1 GemO.

Dies jedenfalls dann, wenn nicht bereits unterjährig maximale Anstrengungen zur Minimierung offener Posten (insbesondere durch stringente Betreibung, z. B. zum effektiven Vorkasseverlangen oder zur umfassenden Ausübung von Aufrechnungen) unternommen werden[229].

Der Kassenbestand muss getrennt für eigene und fremde Kassengeschäfte geführt werden, dies ergibt sich schon aus der Buchungslogik. Bei einer *Verbandsgemeindekasse* wird bekanntlich eine Einheitskasse der Kasse der Verbandsgemeinde mit den Kassen der Ortsgemeinden gebildet (§ 68 Abs. 4 Satz 1 GemO). Bezogen auf den Jahresabschluss (und damit selbstverständlich die zugrundeliegende Buchführung) bedeutet dies jedoch, dass jeweils der Kassenbestand für jede einzelne Ortsgemeinde sowie für die Verbandsgemeinde selbst zu ermitteln und auszuweisen ist. Das OVG Koblenz fordert dem Verursachungsprinzip folgend richtigerweise Erstattungsbuchungen für Zinserträge bzw. -aufwände zwischen den von der Einheitskasse umfassten Gemeinden[230].

Zu erwähnen sind abschließend auch § 109 GemO und der 9. Teil der GemHVO (§§ 54 ff.), welche sich mit dem **Gesamtabschluss** beschäftigen[231]. Dieser soll zutreffend die Lage der Gemeinde inkl. ihrer Tochterorganisationen[232] offenlegen. Damit begegnet der Verordnungsgeber (endlich) einem bereits viele Jahre erkennbaren Trend, dass Kommunen teils aufgrund ihrer schwierigen Haushaltslage zunehmend der Versuchung erlagen, selbst urtypische Kommunalaufgaben in Organisationen außerhalb der sog. Kernverwaltung auszulagern, oftmals gar verstrickt in komplizierte (privatrechtliche) Konzernstrukturen. Dadurch wurde es insbesondere für Aufsichtsorgane zunehmend schwierig zu erkennen, wie schlimm (oder vielleicht auch tatsächlich weniger schlimm) es tatsächlich um die kommunalen Finanzen bestellt ist, was z. B. Auswirkungen auf die Genehmigung von Fördermitteln oder Zuschüssen haben kann. Im Gesamtabschluss sollen folglich die „Haushaltsdaten" aller Tochterorganisationen mit denjenigen der Kernverwaltung zusammenlaufen, um so ein verlässlicheres Bild der Finanzlage als Steuerungs-

229 Hierzu zählt auch, die – ggf. restriktiv zu handhabenden – Billigkeitsmaßnahmen bereits unterjährig so belastbar in der Finanzsoftware zu dokumentieren, dass daraus automatisch für den Jahresabschluss die zugehörigen Buchungen der Einzel- oder ggf. Pauschalwertberichtigung erzeugt werden können.

230 Vgl. OVG RLP, Urteil vom 8. März 1994 – 7A11649/93 – juris. Dies gilt entsprechend bei internen Mittelbereitstellungen der Sonderrechnungsbereiche (also insbesondere zu Eigenbetrieben).

231 Der erste Gesamtabschluss war in Rheinland-Pfalz ursprünglich spätestens zum 31. Dezember 2013 aufzustellen, was jedoch auf den 31. Dezember 2015 verlängert wurde (vgl. § 15 Abs. 1 KomDoppikLG). Seither müssen Gesamtabschlüsse vorliegen.

232 So der Begriff in § 59 Abs. 1 GemHVO, z. B. sind darunter auch Eigenbetriebe usw. zu verstehen.

grundlage zu geben. Vereinfachend lässt sich bzgl. dieses Gesamtabschlusses auf die obigen Ausführungen zum „einfachen" Jahresabschluss verweisen – er bildet quasi das Aggregat vieler einzelner „Jahresabschlüsse"[233]. Neben Teilaufgaben für die Kämmerei sowie ggf. für das Beteiligungsmanagement hat zuvorderst die Buchhaltung der Gemeindekasse mit den Gesamtabschlüssen zu kämpfen. Für das Liquiditätsmanagement (vgl. § 93 Abs. 5 Satz 1 GemO) ist für die Gemeindekasse natürlich das kumulierte Ergebnis der Finanzmittel- bzw. der (bilanziellen) Zahlungsmittelkonten besonders relevant. Hier verdichten sich die bereits erwähnten Vorteile eines möglichst weitreichenden **„Cash-Poolings"**[234].

Exkurs zur Vertiefung für Experten: Ausgehend von der 173. Sitzung der Innenminister und -senatoren[235] schreiben die Bundesländer den Kommunen den Wechsel des Buchführungssystems vor. In Rheinland-Pfalz haben Kommunen spätestens ab 2009[236] auf die kommunale Doppik umgestellt, das Buchführungssystem des Landes Rheinland-Pfalz selbst bleibt jedoch bewusst kameral[237]. Und dies, obwohl man ggf. bereits die vormalige Kameralistik der Kommunen im Vergleich zum (jedenfalls damaligen) staatlichen Haushaltsrecht insofern als moderner ansehen konnte, als sie z. B. schon kalkulatorische Buchungen in begrenztem Maß vorsah[238]. Problematisch scheint dies beispielsweise im Hinblick auf Transferleistungen, z. B. beim Finanzausgleich, speziell beim kommunalen Finanzausgleich[239]. So wäre eine womöglich bessere, jedenfalls mangels Systembrüchen wohl effizientere Vergleichbarkeit der Finanzlagen möglich, wenn auf einem einheitlichen Buchungssystem aufgebaut würde. Selbst Verfechter der Beibehaltung der kameralen Struktur des Landeshaushaltes gestanden ein, dass es eines entsprechenden Benchmarkings bedürfe[240].

---

233 In Rheinland-Pfalz werden vereinfachend die tatsächlichen Bilanzwerte der einzelnen Organisationen zusammengeführt. Umrechnungen z. B. aufgrund abweichender Buchführungsvorschriften zur Bildung von Rückstellungen, Sonderposten, etwaige Abweichungen infolge divergierender Abschreibungszeiträume etc. finden in diesem Bundesland grundsätzlich keine Beachtung im Gesamtabschluss.

234 Vgl. dazu bereits die Ausführungen auf S. 43; weiterführend Klomfaß, VR 2017, 189 ff.; ders., KKZ 2017, 4 ff. (30 ff.).

235 Vgl. dazu bereits Fn. 213.

236 Vgl. § 1 Abs. 2 KomDoppikLG.

237 Vgl. LT-Drs. 14/2890 vom 5. Februar 2004.

238 Vgl. § 12 GemHVO-alt.

239 Vereinfachend versteht man darunter die Zuweisung von Landesmitteln an Kommunen sowie die Umverteilung von Mitteln zwischen Kommunen.

240 Vgl. Deubel/Keilmann, VM 2005, 236 (243) m. w. N.; dort wurde allerdings eine Vorhaltung statistischer kameraler Daten als Problemlösung (sinnwidrigerweise) angeboten.

Besonders obskur zeigt sich dies exemplarisch bei der auch von den Kommunen (über die landesrechtlich vorgegebene kommunale Kassenstatistik) letztlich auch zu bedienende Finanzstatistik des Bundes: Dort wird grundsätzlich auf Einnahmen und Ausgaben[241] abgestellt (vgl. insbesondere § 1 Nr. 1 FPStatG[242]). Mit Umstellung auf die doppischen Systeme in den einzelnen Bundesländern müssen die Kommunen aber diese Differenzierung gerade nicht mehr vornehmen. Wie dargestellt, hat die Finanzrechnung (insbesondere zum Jahresabschluss) die Ein- und Auszahlungen auszuweisen, daneben in der Ergebnisrechnung die Erträge und Aufwendungen (vgl. § 108 Abs. 1 Satz 2 GemO). Einnahmen und Ausgaben liegen aber genau zwischen den Rechengrößen Ein- bzw. Auszahlung sowie Ertrag oder Aufwand. Auch wenn viele Ein- bzw. Auszahlungen – oft sogar zeitgleich – die Begriffe Einnahme und Ausgabe erfüllen, trifft dies eben doch nicht auf alle Geschäftsvorfälle zu. Interessiert aber in den Kassenstatistiken vornehmlich das tatsächliche Ergebnis der auf effektiven Zahlungsströmen fußenden Liquiditätslage, wäre auch dort eine passgenaue Anknüpfung an Ein- und Auszahlungen treffender.

In diesem Zusammenhang findet sich ein weiteres eindrucksvolles Beispiel für die überragende Bedeutung der Finanzrechnung im Rahmen der Kreditgenehmigung seitens der staatlichen Aufsichtsbehörde: Nach § 103 Abs. 4 Nr. 2 GemO hängt deren Genehmigung ggf. von der dauernden Leistungsfähigkeit ab. Diese ist – siehe VV Nr. 4.1.1.1 zu § 103 GemO – anhand der sog. freien Finanzspitze nach Muster 14 der Anlage 3 zur VV-GemHSys[243] zu beurteilen. Die wiederum stellt maßgeblich auf den Finanzhaushalt nach § 2 GemHVO ab – also letztlich auch auf die Zahlungsströme (differenziert nach Ein- und Auszahlungen). Die tatsächlichen liquiden Mittel laut Schlussbilanz fließen hingegen nicht unmittelbar in die Ermittlung der sog. freien Finanzspitze ein. Mit anderen Worten: In Einzelfällen weist eine Kommune eine negative „freie Finanzspitze" aus, obwohl laut Bilanz liquide Mittel vorhanden sind.

Fazit: Alle drei genannten Aspekte – Finanzausgleich, Finanzstatistik wie aufsichtsbehördliche Genehmigungsverfahren zum kommunalen Haus-

241 Also die kamerale Ausgangsgröße.

242 Gesetz über die Statistiken der öffentlichen Finanzen und des Personals im öffentlichen Dienst (Finanz- und Personalstatistikgesetz – FPStatG), neugefasst durch Beschluss vom 22. Februar 2006 (BGBl. I S. 438); zuletzt geändert durch Art. 3a des Gesetzes vom 9. Dezember 2019 (BGBl. I S. 2053).

243 Offizielle Bezeichnung: Produktrahmenplan und Kontenrahmenplan mit Zuordnungsvorschriften für die kommunale Haushaltwirtschaft und Gemeindehaushaltsverordnung (VV Gemeindehaushaltssystematik – VV-GemHSys), Verwaltungsvorschrift des Ministeriums des Innern und für Sport i. d. F. vom 30. Dezember 2016 (mit genereller Gültigkeit ab dem 1. Januar 2019).

halt – verdeutlichen letztlich, dass ein einheitliches Buchungssystem auf allen staatlichen Ebenen konsequenter wäre[244] – bis hin zur EU-Kommission selbst[245].

Übungsfall zu kassenrechtlichen Abschlüssen

Sachverhalt:

D. Adams (A), Beschäftigter der Stadtkasse, ermittelt folgende Werte: Auszug aus dem Journal zum Tagesende des 25. Mai 2020:

lfd. Nr.	Tag d. Buchung	Einzahler / Empfänger	Grund d. Zahlung	Buchungsstelle Sachbuch	...	Finanzkonten		Zahlungsweg		
						Einzahlung	Auszahlung	bar	Bank	Scheck
		Tagessumme Einzahlungen				1.000.800 €		800 €	1.000.000 €	
		Tagessumme Auszahlungen					62.200 €	200 €	42.000 €	20.000 €

- Der Bargeldbestand betrug beim letzten Tagesabschluss 2.520 Euro und nach Vornahme vorstehender Buchungen 3.100 Euro.
- Der Kassenbestand des Vortages betrug 251.400 Euro.
- Kontostände gemäß gestrigem Kontogegenbuch: Sparkasse = 48.880 Euro, Bankkonto A = 200.000 Euro. Beachte: Die o. a. Istbuchungen sind hier noch zu berücksichtigen! Vereinfachend wurde nur auf das Sparkassenkonto gebucht.
- A ist nach mehrfachem Nachzählen schon kurz davor, das Handtuch zu werfen, als der zuständige Kassierer Werner beiläufig erwähnt, dass er wohl auch Kaffee kaufen gewesen sei. Er legt eine Quittung vor, wonach er 4 Pakete á 4,99 Euro erstanden, der netten Verkäuferin folglich glatt 20 Euro gegeben habe.

Aufgabenstellung:

Es ist ein Tagesabschluss nach dem im Kapitel dargestellten Muster zu fertigen.

244 Hinzu kommen die mitunter beachtlichen Unterschiede aufgrund divergierender doppischer Regelungen je nach Bundesland. Auch für Finanzmittelvergleiche auf EU-Ebene könnte ein durchgängiges System doppelter Verwaltungsbuchführung, d. h. gerade auch der zwischengeschalteten staatlichen Behörden Deutschlands, Vorteile bieten.

245 Auf EU-Ebene sind die Harmonisierungsbemühungen auf doppischer Basis scheinbar durchaus ausgeprägt, wie die Entwicklungen zu den EPSAS (European Public Sector Accounting Standards) zeigen (vgl. zur weiterhin unbefriedigenden Beteiligung Deutschlands Döbeling: EPSAS Rechnungshöfe verabschieden Positionspapier, in: Der neue Kämmerer (Onlineausgabe) vom 15. Dezember 2020, abrufbar via https://www.derneuekaemmerer.de/nachrichten/finanzmanagement/epsas-rechnungshoefe-verabschieden-positionspapier-2009031/, zuletzt abgerufen am 30. April 2021; vgl. zudem die ähnlichen Schlussfolgerungen des IDW: „IDW Positionspapier zur Doppik in Deutschland und zur Harmonisierung durch EPSAS in Europa" vom 25. März 2019, abrufbar über die Seiten des www.idw.de, zuletzt abgerufen am 30. April 2021).

Zusatzfrage: Was ist aufgrund dieser Kassenvorgänge noch zu veranlassen?

Lösungsvorschlag:

Der Tagesabschluss könnte sich wie folgt gestalten:

Tagesabschlussbuch

Tag des Abschlusses: 25. Mai 2020

1. Kassensollbestand:		Kassenbestand des Vortages	251.400,00 €
	+	Einzahlungen lt. Journal	1.000.800,00 €
	./.	Auszahlungen lt. Journal	62.200,00 €
	=	Kassensollbestand	1.190.000,00 €
2. Kassenistbestand:		Bargeld	3.100,00 €
		Kontenbestände	
	+	1. Sparkasse	986.880,00 €
	+	2. Bankkonto A	200.000,00 €
	=	Kassenistbestand	1.189.980,00 €
3. Gegenüberstellung:		1. Kassensollbestand	1.190.000,00 €
	./.	2. Kassenistbestand	1.189.980,00 €
	=	Kassendifferenz	20,00 €

~~Kassenüberschuss:~~

~~Einzahlung auf Konto XXX~~

~~Journal-Nr.:~~ ____________

Kassenfehlbetrag:
Der Fehlbetrag wurde vom Kassierer ersetzt.

Bemerkungen: Kassierer Werner entnahm 20 € für Kaffee, die er beim Tagesabschluss ersetzte. Kassensoll- und -istbestand stimmen danach mit 1.190 T€ überein.

Unterschriften:

Musterhausen, 26. Mai 2020 — *Werner* / *Johanns* / *Valentin*

Ort, Datum — Kassierer / Buchhalter / Kassenverwalter

Anmerkung zur Berechnung des Kassenistbestandes des Sparkassenkontos:
48.880 Euro + 1.000.000 / 42.000 Euro / 20.000 Euro = 986.880 Euro

Zur Zusatzfrage:

- Die Kassensicherheit scheint gefährdet. Der Kassenverwalter sollte eine Sonderprüfung der bisherigen Vorgänge veranlassen und eventuell Kassierer Werner mit anderen Aufgaben betrauen.
- Es ist über personal-, evtl. sogar dienstordnungsrechtliche Maßnahmen nachzudenken (z. B. Abmahnung, sofern Kassierer Werner Beschäftigter sein sollte).
- Evtl. lässt sich dieser Mittelzugriff als Auslöser einer grundlegenden Begutachtung nutzen, warum überhaupt noch Barzahlungen vorgenommen werden. Nach dem Grundsatz des unbaren Zahlungsverkehrs und modernen „ePayment"-Bestrebungen im Zuge der Digitalisierungsvorgaben (insbesondere nach dem OZG) könnte ggf. über die gänzliche Schließung der Stadtkasse für den Barzahlungsverkehr nachgedacht werden.

8 Kassenprüfungen[246]

Wo Geldmittel – zumal fremde – zu verwalten sind, ist eine missbräuchliche Verwendung jedenfalls denkbar. Auch wenn das Thema Kassenprüfungen für hiesige Lernzwecke kurz zu fassen ist und auch in der Praxis hin und wieder an der personellen Ausstattung der Rechnungsprüfer „geknappst" wird, soll dies nicht den Eindruck erwecken, dass es sich um ein unbedeutendes Randthema handele. Dies dürfte schon anhand der zum Thema Organisation der Gemeindekasse angeführten tatsächlich begangenen Betrugs- und Diebstahlfälle deutlich geworden sein.

Beginnen wir dem folgend mit der Unterscheidung allgemeiner Kontrollrechte gegenüber einer (Kommunal-)Verwaltung. Einerseits gibt es die **Außenkontrolle**, entweder unmittelbar durch staatliche Aufsichtsbehörden oder mittelbar z. B. durch den Bürger mittels Wahlen, Anfechtungsklagen im Einzelfall etc. Andererseits ist selbstverständlich stets eine **Innenkontrolle** ratsam. Darunter kann man z. B. die Verteilung der Aufgaben nach abgegrenzten Zuständigkeiten an verschiedene Organisationseinheiten und Mitarbeiter subsumieren, was in der Folge entsprechende Informationen, Kontrollbefugnisse und -verpflichtungen untereinander bedingt.

Diese allgemeinen Aspekte bedürfen in Bezug auf die Finanzen der Konkretisierung. Die Außenkontrolle obliegt hier dem **Gemeindeprüfungsamt** (bei der Kreisverwaltung als unterer Behörde der allgemeinen Landesverwaltung[247]) bzw. dem **Rechnungshof** Rheinland-Pfalz, vgl. § 110 Abs. 5 GemO sowie § 1 RHG[248]. Die Innenkontrolle erfolgt bei kreisfreien und großen kreisangehörigen Städten[249] sowie beim Landkreis verpflichtend durch ein weisungsfreies **Rechnungsprüfungsamt** (§§ 111 bis 113 GemO bzw. § 59 LKO) sowie generell durch den **Gemeinde-**

---

246 Vgl. ausführlicher zu Kassenprüfungen durch die örtliche Rechnungsprüfung Klomfaß, KKZ 2019, 150 ff. Spezifisch zu Hand- bzw. Wechselgeldvorschüssen (inkl. deren Verbuchung), die primär nicht seitens der örtlichen Rechnungsprüfung zu kontrollieren sind, vgl. Klomfaß, KKZ 2021, 12 f.

247 Siehe auch § 55 Abs. 2 Nr. 2 LKO; § 14 Abs. 1 RHG.

248 Vgl. zu dessen Aufgaben und seiner Arbeitsweise zusammenfassend https://rechnungshof.rlp.de/de/ueber-uns/aufgaben-und-arbeitsweise, zuletzt abgerufen am 30. April 2021.

249 Andere Gemeinden können ein Rechnungsprüfungsamt einrichten, wenn ein Bedürfnis dafür besteht und die Kosten in angemessenem Verhältnis zum Umfang der Verwaltung stehen (§ 111 Abs. 1 Halbsatz 2 GemO).

rat[250] bzw. Kreistag[251]. Nach § 110 Abs. 1 Satz 1 GemO ist ein Rechnungsprüfungsausschuss als Pflichtausschuss zu bilden[252]. Dessen wichtigste Aufgabe ist die Prüfung des Jahresabschlusses, wobei das Rechnungsprüfungsamt diesen zuerst prüft (vgl. § 110 Abs. 3 GemO). Auf der Grundlage des geprüften Jahresabschlusses entscheidet der Gemeinderat bzw. Kreistag über die Entlastung des Bürgermeisters bzw. Landrats (und der Beigeordneten) bis spätestens 31. Dezember des Folgejahres (§ 114 Abs. 1 GemO). In dem Zusammenhang können die Mitglieder des Rechnungsprüfungsausschusses Unterlagen und Belege der Buchhaltung einsehen. Er überprüft insbesondere, ob der Haushaltsplan eingehalten wurde (wozu er auch eine Belegprüfung vornimmt), ob die Rechtsvorschriften (jedenfalls im Wesentlichen) eingehalten wurden und ob Vermögen und Schulden ordnungsgemäß verwaltet und nachgewiesen sind. Daneben hat der Rechnungsprüfungsausschuss aber weitere Pflichtaufgaben, vgl. dazu § 112 Abs. 1 GemO. Er fertigt über sämtliche Ergebnisse einen Schlussbericht für den Gemeinderat (§ 112 Abs. 7 Satz 1 GemO).

Nach § 29 Abs. 2 Nr. 4 Buchst. c bis e, Abs. 1 GemHVO[253] hat eine Dienstanweisung des Bürgermeisters bzw. entsprechend des Landrats konkret festzulegen, wie Aufsicht und Kontrolle über die Buchführung und Zahlungsabwicklung, die regelmäßigen und unvermuteten Prüfungen sowie die Beteiligung der örtlichen Rechnungsprüfung und Kassenaufsicht zu erfolgen haben. § 26 GemHVO enthält dabei aber bereits zwingende Vorgaben. Danach ist die Zahlungsabwicklung mindestens einmal jährlich unabhängig von der überörtlichen Prüfung unvermutet zu prüfen, sofern nicht eine laufende Überwachung durch das Rechnungsprüfungsamt erfolgt[254]. Die Ergebnisse der jeweiligen Prüfungen sind stets dem Bürgermeister bzw. Landrat mitzuteilen, wozu grundsätzlich – ggf. offenzulegende – Prüfberichte gefertigt werden[255].

Exkursive Gedanken zur Vertiefung: Gerade anhand der zum Thema Kassensicherheit dargestellten Straftaten, welche überwiegend nicht von den zuständigen Rechnungsprüfern (egal ob örtlich, überörtlich oder z. B. als Ausschussmitglied ehrenamtlich bestellt) aufgedeckt wurden, lassen sich die bisherigen Regelungen zur Rechnungsprüfung kritisch

250 Ableitbar aus § 32 Abs. 2 Nr. 3 GemO.
251 Ableitbar entsprechend aus § 25 Abs. 2 Nr. 3 LKO.
252 Vgl. zur Bildung §§ 44 ff. GemO.
253 I. V. m. § 26 Abs. 4 GemHVO.
254 Vgl. speziell Klomfaß, KKZ 2019, 150 ff.
255 Um überhaupt sauber dokumentiert und belastbar auf deren Grundlage den vorgeschriebenen Schlussbericht an den Gemeinderat bzw. Kreistag vorlegen zu können, vgl. § 112 Abs. 7 Satz 1 GemO.

hinterfragen. So sinnvoll die im Lichte der kommunalen Selbstverwaltung bezweckte, möglichst weitreichende interne Eigenkontrolle gedacht sein mag: Gegebenenfalls ließen sich bessere (Kontroll-)Ergebnisse bei permanenter Außenkontrolle – auch bei kreisfreien bzw. großen kreisangehörigen Städten – erzielen. Denkbar wäre beispielsweise, dass die Rechnungsprüfungsämter von einer Region in einem Zweckverband zusammengeführt würden. Damit wäre ein schlagkräftiger, rechtlich eigenständiger Rechnungsprüfungsverband zur wirksamen Außenkontrolle geschaffen. Weil die Kommunen aber dessen Mitglieder darstellen und diesen über entsprechende Umlagen finanzieren, bliebe gleichwohl die das Selbstverwaltungsrecht würdigende Eigenkontrolle erhalten[256]. In der Folge ließen sich Prüfungsabläufe weiter standardisieren (insbesondere auch unter sich dann besser rechnendem Einsatz spezieller Prüfungssoftware), vor allen Dingen aber das dann spezifischer einsetzbare Prüferpersonal besser qualifizieren[257]. Über die in der Folge verbesserte Prüfungsqualität könnte die erstrebenswerte Eigenkontrolle wirksamer wahrgenommen werden[258].

Übungsfall zu Kassenprüfungen:

Sachverhalt:

In der großen kreisfreien Stadt S überwacht das Rechnungsprüfungsamt laufend die Zahlungsabwicklung (vgl. dazu § 26 Abs. 2 GemHVO, § 111 Abs. 1 Halbsatz 1 GemO). Weil folglich bereits im Jahr 2020 zeitnah zahlungsrelevante Vorgänge überwacht wurden,

---

256 Insofern kommt es mit diesem Lösungsvorschlag nicht zwangsläufig zu etwaiger Konkurrenz zum Rechnungshof des Landes Rheinland-Pfalz, weil hier eine Bündelung örtlicher Rechnungsprüfungsämter zur Professionalisierung der Eigenkontrolle vorgeschlagen wird, wohingegen die überörtliche Prüfung des Rechnungshofes grundsätzlich unberührt bleiben soll.

257 Eine interkommunale Zusammenarbeit der Rechnungsprüfungsämter wird dabei vor der neuen wie strategisch wichtigen Aufgabe der Revision der Informationssicherheit geboten sein, die rein lokal – selbst bei etwaig zusätzlichen Stellenschaffungen – vermutlich nicht zu bewerkstelligen sein wird.

258 Denkbar wäre auch eine Ausgründung als Anstalt des öffentlichen Rechts (nach EigAnVO). Über die ihr vorgegebenen Maßnahmen zur Erhaltung des Vermögens und der Leistungsfähigkeit (§ 29 EigAnVO) ließe sich zwar leichter begründen, warum deren Prüfer stets kostendeckende Prüfungen abzurechnen hätten. Genau dies kann aber auch Nachteile begründen, gerade dann, wenn zu einem Zuschussbereich kritische Prüfungsergebnisse umso notwendiger sein sollten. Ferner weicht der Kostenrechnungsgedanke mit dazu spezifisch abweichenden Buchführungsvorschriften (Pflicht zur kaufmännischen doppelten Buchführung, § 34 EigAnVO) vom Buchführungssystem der finanzierenden Kommunen (in Rede der kommunalen Doppik) ab, was Mehraufwand auslösen wird. Die Zweckverbandslösung mit einheitlich anzuwendender kommunaler Doppik und Umlagefinanzierung scheint wesentlich zielführender.

konnte schon im ersten Quartal 2021 ein Schlussbericht zum Vorjahr gefertigt werden. Dieser weist zu den hier interessierenden Kassenvorgängen nach einer allgemeinen Beschreibung des Jahresverlaufs folgende Feststellungen aus:

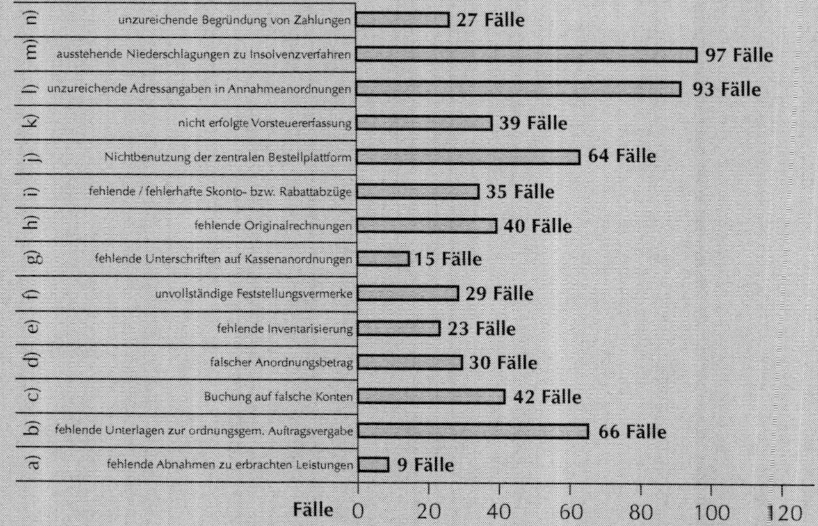

Aufgrund dieser Beanstandungen lässt Kassenverwalter Karl Valentin (KV) den zu Buchst. l und m zuständigen Kassenbediensteten Adams (A) vorsprechen. Dieser weiß auch aufgrund der weitergehenden Ausführungen im Rechnungsprüfungsbericht Folgendes zu berichten:

zu Buchstabe l:

Vom Rechnungsprüfungsamt festgestellt wurde u. a. zu Konto 1659 – Forderungen aus Lieferungen und Leistungen gegen den sonstigen privaten Bereich – Offenstände von gerundet 56.000 Euro, die länger als ein Jahr nicht bezahlt worden seien. Dem Rechnungsprüfer ist aufgefallen, dass die hiervon betroffenen Einzelforderungen gar nicht in Vollstreckung seien, weil die Vollstreckungsstelle mangels vollstreckbarer Anschriften diese Fälle gar nicht zur Bearbeitung angenommen habe (schon die erforderlichen Mahnungen konnten nicht ordnungsgemäß versandt werden). Der Rechnungsprüfer habe dann diese Fälle zurückverfolgt und bemerkt, dass bereits in den zugrundeliegenden Annahmeanordnungen zu diesen Fällen unzureichende Adressen der

Zahlungspflichtigen erfasst worden seien. So wäre z. B. in einem Fall als Zahlungspflichtiger schlicht „Michael Müller" ohne Adresse oder gar Geburtsdatum eingetragen worden, obwohl es mehrere Personen mit diesem Namen alleine im Stadtgebiet gäbe. Auf Rückfrage konnte das Bauamt, welches diesen Fall erfasst habe, nur noch mitteilen, dass dort ein „Michael Müller" erschienen sei und für ein Planungsbüro etliche Farbkopien großformatiger Bebauungspläne für 650 Euro mitgenommen habe. Der damalige Sachbearbeiter könne sich leider nicht mehr an den konkreten Fall erinnern, die Akte enthalte keine weiteren Angaben zur Person oder dem Planungsbüro.

Aufgabenstellung zu Buchstabe l:

1. Bei welchem Bearbeitungsschritt der Stadtkasse hätte z. B. der geschilderte Fall zu „Michael Müller" schon auffallen müssen, bevor dieser überhaupt zur Vollstreckungsstelle gelangte?
2. Was sollte KV aus kassenrechtlicher Sicht zur Vermeidung solcher Fälle veranlassen?

Fallfortführung zu Buchstabe m:

Das Rechnungsprüfungsamt ermittelt zu Konto 15351 – Steuerforderungen gegen private Unternehmen – gerundet 85.000 Euro zu den oben ausgewiesenen 97 Fällen, obwohl in diesen Fällen über das Vermögen der abgabepflichtigen Unternehmen Insolvenzverfahren laufen.

Aufgabenstellung zu Buchstabe m:

Warum führt dies zur Beanstandung? Eine kurze Antwort soll genügen.

Lösungsvorschläge: Buchstabe l:

zu 1.

Die Annahmeanordnung wird von der budgetverwaltenden Stelle erteilt, die Stadtkasse hat diese – wie wir bereits kennen gelernt haben – „nur" auszuführen. Allerdings sind Kassenanordnungen seitens der Gemeindekasse freizugeben[259]. Vor der Freigabe hat der jeweils zuständige Kassenbedienstete zu prüfen, ob er solche Fehler in der Kassenanordnung vorfindet, die er gegenüber dem anordnenden Amt beanstanden muss. Zwar ist nicht eindeutig vorgeschrieben, inwieweit

259 Vgl. zum beispielhaften Belegfluss inkl. der Freigabe zum neuen Rechnungswesen Fachverband der Kommunalkassenverwalter (Hg.), Handbuch für das Kassen- und Rechnungswesen, Kapitel 37.2, S. 5.

der Gemeindekasse nach den Vorschriften der kommunalen Doppik eine Beanstandungspflicht zukommt[260]. Fehlen aber – wie im hiesigen Beispiel – bereits Straße, Hausnummer, Postleitzahl wie Ort (darüber hinaus auch das – sofern bekannte – wichtige Unterscheidungsmerkmal des Geburtsdatums), ist der Gemeindekasse bereits eine Mahnung sowie die nachfolgend ggf. erforderliche Vollstreckung unmöglich. Der für die Freigabe dieser Kassenanordnung zuständige Kassenbedienstete hätte diese daher schon bei Vorlage durch das Bauamt beanstanden müssen. Evtl. hätte sich zu diesem Zeitpunkt auch noch der Kollege des Bauamtes an die Person zwecks weiterer Nachforschungen erinnern können.

zu 2.

KV sollte folgende Maßnahmen in Erwägung ziehen:

- Überprüfung der Tätigkeit des für die Anordnungsfreigabe zuständigen Kassenbediensteten und ggf. Belehrung.
- Zu empfehlen ist die Veranlassung einer eindeutigen Formulierung eines Beanstandungsrechtes, ggf. mit erläuternden Ausführungen zu verpflichtenden Beanstandungsgründen in einer Dienstanweisung für die Kasse, vgl. § 29 Abs. 1, ggf. auch Abs. 2 Nr. 1 Buchst. a GemHVO.
- Dringende Änderung der Einstellungen des Finanzprogramms: Dieses darf Kassenanordnungen insbesondere Annahmeanordnungen nur zulassen, wenn die Felder zur Adresse des Zahlungspflichtigen bzw. bei Auszahlungsfällen zum Zahlungsempfänger ausgefüllt wurden (dabei sollte bei Adressen aus dem kommunalen Zuständigkeitsbereich nur eine Eingabe von Straßennamen des verbindlichen Straßenschlüssels möglich sein, Postfacheingaben wären ebenfalls systemseitig grundsätzlich zu blockieren).
- Er sollte die mittelbewirtschaftenden Stellen zum Verlangen von Vorkasse bzw. Stellung einer Sicherheit – soweit rechtlich zulässig (vgl. exemplarisch § 16 LGebG) – anhalten. Denn dadurch lässt sich nicht nur Bearbeitungsaufwand bei der Gemeindekasse sondern insbesondere auch ein Schaden für die Kommune vermeiden.

260 Aufbauend auf dem grundsätzlich umfänglichen Prüfungsrecht, vgl. hierzu die Ausführungen auf S. 69.

zu Buchstabe m:

Das Rechnungsprüfungsamt stellt fest, dass in der Schlussbilanz letztlich 85.000 Euro ausgewiesen wurden, obwohl der Kommune bekannt war, dass – wenn überhaupt – aufgrund der anhängigen Insolvenzverfahren nur mit deutlich geringeren Zahlungseingängen zu rechnen ist. Dadurch wurde die tatsächliche Vermögenslage falsch wiedergegeben. Deshalb sind diese Beträge über die Bewertungskonten der zweifelhaften Forderungen (grundsätzlich bei Eröffnung des Insolvenzverfahrens) bzw. gar der uneinbringlichen Forderungen (jedenfalls wenn der Forderungsausfall feststeht wie z. B. bei angezeigter Masselosigkeit)[261] im Wege der Einzelwertberichtigung abzuschreiben[262]. Die im Kern vom Rechnungsprüfungsamt richtigerweise als notwendig erkannten Wertberichtigungen („Abschreibungen") sollten in der Praxis sinnvollerweise mit den im Prüfbericht geforderten Niederschlagungen verknüpft werden (vgl. bezüglich der Niederschlagung kommunaler Abgabenforderungen § 3 Abs. 1 Nr. 6 KAG i. V. m. § 261 AO[263]).

Annex: Aus kassenrechtlicher Sicht wären daher Wertberichtigungsbuchungen anzuregen und eine einwandfreie Kommunikation zwischen der Insolvenzsachbearbeitung bei der Gemeindekasse und den budgetverwaltenden Stellen unter Hervorhebung der Auswirkungen einer Insolvenz auf die Buchführung zu gewährleisten (sofern die Kasse nicht selbst auf Basis von § 29 Abs. 3 GemHVO tätig werden kann). Dies führt sodann zu einer veränderten Forderungsübersicht nach § 52 GemHVO zum Jahresabschluss.

---

261 Vgl. zur Klassifizierung als zweifelhafte bzw. uneinbringliche Forderung § 6 Abs. 3 Sätze 1 und 2 Gemeindeeröffnungsbilanz-Bewertungsverordnung (GemEBilBewVO). Zur Masselosigkeit im Insolvenzverfahren ausführlich App/Klomfaß, Insolvenzrecht Basiswissen für Praktiker, Rn. 1030 ff.

262 Vgl. ausführlich Klomfaß, KKZ 2018, 97 ff. (123 ff.).

263 Zur Niederschlagung anderer Ansprüche vgl. allgemein § 23 Abs. 2 GemHVO.

9 Vollstreckung von Geldleistungen[264]

Das Mahnwesen und die Zwangsvollstreckung gehören nach § 25 Abs. 2 Satz 1 Nr. 4 GemHVO zur Zahlungsabwicklung und stellen damit ebenfalls Kassengeschäfte im Zuständigkeitsbereich der Gemeindekasse nach § 106 Abs. 1 GemO dar[265]. Dem folgend wird dieses Kapitel der Frage gewidmet, wie eigentlich zu verfahren ist, wenn Schuldner kommunale Forderungen nicht bezahlen.

9.1 Einordnung und Begriffserklärung der Vollstreckung

Unter Vollstreckung versteht man ganz allgemein die mit Machtmitteln des Staates erzwungene Befriedigung eines Anspruches[266]. Dabei ist eingangs zu klären, ob staatlicher Zwang überhaupt zulässig ist. Denn schließlich begründet Art. 2 Abs. 1 GG die freie Entfaltung der Persönlichkeit, welcher staatlich ausgeübter Zwang diametral entgegenwirkt. Auch ist zu beachten, dass die Exekutive an Recht und Gesetz gebunden ist, vgl. Art. 20 Abs. 3 GG (zudem gilt das Rechtstaatsprinzip). Aber es leuchtet ein: Was eine Behörde aufgrund gesetzlicher Ermächtigung anordnen darf, muss sie auch erzwingen können, notfalls mit physischer Gewalt[267]. Fazit: staatlicher Zwang ist zulässig.

Der Bezug der Vollstreckung zum Kassenrecht ergibt sich daraus, dass die Gemeindekasse grundsätzlich nicht rechtzeitig eingegangene Einnahmen zwangsweise einzuziehen bzw. solches zu veranlassen hat.

---

264 Anmerkung: Auch wenn aus kassenrechtlicher Sicht in erster Linie die zwangsweise Geltendmachung von Geldleistungen interessiert, werden überdies einzelne vollstreckungsrechtliche Hinweise zu anderweitigen Verhaltenspflichten (Stichwort: HDU-Verwaltungsakte) gegeben.

265 Zur Einordnung als Kassengeschäft vgl. bereits o. a. Fn. 60; zweifelsfrei ist jedenfalls zur Verwaltungsvollstreckung die kommunale Kasse zuständig, vgl. § 19 Abs. 1 Satz 1 LVwVG.

266 Vgl. ausführlicher zur Begriffsabgrenzung sowie spezifisch zum Begriff der Verwaltungsvollstreckung App/Wettlaufer/Klomfaß, Verwaltungsvollstreckungsrecht, 6. Aufl. 2018, Kapitel 1, Rn. 1; vgl. zur Abgrenzung des überwiegend aus der ZPO herrührenden Begriffs der Zwangsvollstreckung ebd. Rn. 5

267 Dies wurde so z. B. auch schon in der amtlichen Begründung zum VwVG vom 27. April 1953 zum Ausdruck gebracht, vgl. weiterführend und vertiefend Fachverband der Kommunalkassenverwalter (Hg.),Handbuch für das Verwaltungszwangsverfahren, Kapitel 01, S. 1.

Dies folgt bereits aus dem Wirtschaftlichkeitsgrundsatz (§ 93 Abs. 3 GemO). Genaue Vorgaben muss auch hier eine Dienstanweisung machen, vgl. § 29 Abs. 2 Nr. 1 Buchst. i, Abs. 1 GemHVO.

Besondere Bedeutung kommt dabei der grundlegenden Unterscheidung zwischen öffentlichem und privatem Recht (Zivilrecht) zu:

öffentliches Recht	Privatrecht
überwiegend **Über- Unterordnungs- bzw. Subordinationsverhältnis (Hoheitsverwaltung)**	**Gleichordnungsverhältnis**
regelt: • **Verhältnis Hoheitsträger => Bürger** • **Organisation des Staates** • **Verhältnis Hoheitsträger untereinander**	**regelt:** **Beziehungen der verschiedenen Rechtssubjekte untereinander**
grdstzl. **Verwaltungsgerichtbarkeit**	grdstzl. **Zivilgerichte (ordentliche Gerichtsbarkeit)**
⇩ **Verwaltungsvollstreckung**	⇩ **gerichtliches Mahn- & Klageverfahren**

Abbildung 4: Unterscheidung öffentliches Recht – Privatrecht

Diese Unterscheidung wirkt sich maßgeblich auf Vollstreckungsfragen aus und erklärt, warum es je nach Rechtsgebiet unterschiedliche Vollstreckungsverfahren geben muss. Anhand des Gleichordnungsverhältnisses lässt sich dies am besten verdeutlichen. Schließen zwei Rechtssubjekte, nennen wir sie Arthur Schnitzler (S) und Johannes Gutenberg (G), einen privatrechtlichen Vertrag über den Druck diverser Bücher, soll der eine (hier G) eine Werkleistung[268] in Form des Drucks der gewünschten Anzahl von Büchern erbringen, während der andere (hier S) die Zahlung des vereinbarten Werklohns verspricht. Zahlt S als Schuldner nun

268 Zum Werkvertrag vgl. §§ 631 ff. BGB; gute Erklärungen zum Werkvertrag in Brox/Walker, Besonderes Schuldrecht, Auflage § 23 Rn. 1 ff.

aber nicht wie vereinbart, weil sich seine Werke nicht so gut wie erhofft am Markt veräußern lassen, kann G als Gläubiger dieses Zahlungsanspruches nach unserer Rechtsordnung nun nicht einfach selbst Zwang auf S ausüben, denn beide stehen rechtlich gesehen auf gleicher Ebene – wir befinden uns im Gleichordnungsverhältnis.

Um den gewünschten Zwang zwecks Veranlassung des S zur Zahlung ausüben zu können, bedarf es vielmehr einer übergeordneten Stelle: des Staates. Deshalb ist bei privatrechtlichen Forderungen die Einschaltung einer staatlichen Institution notwendig, welche dann aus ihrer übergeordneten Stellung heraus den zur Erreichung der Zahlung notwendigen Zwang ausüben darf. Vergleichen wir die Situation nun mit dem öffentlichen Recht, befinden sich z. B. Kommune K und der Antrag stellende Schuldner S bereits von Anfang an in einem Über-/Unterordnungsverhältnis. Dies legitimiert deshalb die K bereits zum einseitigen Erlass eines zur Zahlung verpflichtenden Verwaltungsaktes, z. B. in Form eines Gebührenbescheids. Aus diesem ohnehin gegebenen Über-/Unterordnungsverhältnis folgt dann im Falle der Nichtzahlung und dem damit einhergehenden Übergang zum Vollstreckungsrecht, dass die K auch selbst vollstrecken darf[269]. Daher sollte man sich an dieser Stelle zweierlei merken: Im öffentlichen Recht bedarf es im Gegensatz zum Privatrecht nicht per se der Einschaltung einer weiteren Institution für die zwangsweise Geltendmachung von Zahlungsansprüchen und der zugrunde liegende Verwaltungsakt fordert nicht nur zur Zahlung auf, er bildet zugleich auch die Vollstreckungsgrundlage[270].

Ferner resultiert daraus unterschiedlich anwendbares Recht:

- Kommunale öffentlich-rechtliche Ansprüche sind grundsätzlich nach dem Landesverwaltungsvollstreckungsgesetz (LVwVG) selbst (nötigenfalls z. B. durch eigene Vollstreckungsbeamte) zu vollstrecken[271]. Dies wird als Verwaltungsvollstreckung bezeichnet.
- Zivilrechtliche Ansprüche sind hingegen nach den Regelungen der Zivilprozessordnung (ZPO) zwangsweise einzuziehen bzw. vielmehr

269 Die evtl. Notwendigkeit eines eigenen kommunalen Vollstreckungsrechts folgend aus dem Selbstverwaltungsprinzip sei für hiesige Zwecke einzig angedeutet.

270 Zur Zweistufigkeit des Verwaltungsverfahrens in diesem Zusammenhang vgl. ausführlicher App/Wettlaufer/Klomfaß, Verwaltungsvollstreckungsrecht, 6. Auflage 2018, Kapitel 1, Rn. 2.

271 Auf die Besonderheit der Landesverordnung über die Vollstreckung privatrechtlicher Geldforderungen nach dem Landesverwaltungsvollstreckungsgesetz (LVwVGpFVO) sei hingewiesen, wonach ausnahmsweise den Kommunen sogar die Vollstreckung einzelner privatrechtlicher Forderungen in begrenztem Ausmaß ermöglicht wird. Vgl. dazu ausführlich Klomfaß, NJOZ 2016, 121 ff.

einziehen zu lassen (nämlich i. d. R. durch Gerichtsvollzieher). In diesem Fall wird vom zivilrechtlichen Mahn- und Klageverfahren gesprochen.

9.2 Verwaltungsvollstreckung[272]

9.2.1 Begriff und Regelungsinhalt

Verwaltungsvollstreckung ist die zwangsweise Durchsetzung

- öffentlich-rechtlicher Verpflichtungen,
- des Bürgers oder eines sonstigen Rechtssubjektes,
- durch die Behörde,
- in einem verwaltungseigenen Verfahren[273].

Wichtige Rechtsgrundlagen der rheinland-pfälzischen Verwaltungsvollstreckung bilden:

- das Verwaltungsvollstreckungsgesetz des Bundes (VwVG) – für Kommunen nur eingeschränkt anwendbar;
- das **Landesverwaltungsvollstreckungsgesetz (LVwVG)**; danach sind ausführend ergangen[274]
  - die Landesverordnung zur Durchführung des Landesverwaltungsvollstreckungsgesetzes (LVwVGDVO),
  - die Landesverordnung über die Vollstreckung privatrechtlicher Geldforderungen nach dem Landesverwaltungsvollstreckungsgesetz (LVwVGpFVO)[275],
  - die Kostenordnung zum Landesverwaltungsvollstreckungsgesetz (LVwVGKostO);
- ergänzend Regelungen des Landesgebührengesetzes (LGebG);
- Einzelregelungen des Polizei- und Ordnungsbehördengesetzes (POG), insbesondere §§ 58 bis 66 POG im Hinblick auf den unmittelbaren Zwang, sog. Polizeizwang, Beispiele: Wegtragen von Personen (entsprechend z. B. bei Castor-Transporten), Schlagstock-, Wasserwerfereinsatz, Schusswaffengebrauch; ersichtlich kaum anwendbar

---

272 Vgl. zu dieser umfassend ausführlicher App/Wettlaufer/Klomfaß, Verwaltungsvollstreckungsrecht, 6. Auflage 2018.
273 Vgl. Maurer/Waldhoff, Allgemeines Verwaltungsrecht, § 20 Rn. 1.
274 Gem. §§ 85, 71 Abs. 1 LVwVG.
275 Vgl. dazu ausführlich Klomfaß, NJOZ 2016, 121 ff.

bei kommunalen Geldforderungen sondern beim Einfordern bestimmter Verhaltenspflichten, also bei sog. HDU-Verwaltungsakten[276];

- teilweise Vorschriften der Verwaltungsgerichtsordnung (VwGO) i. V. m. der Zivilprozessordnung (ZPO), z. B. bei der Vollstreckung von Verwaltungsgerichtsurteilen;
- Einzelvorschriften der Abgabenordnung (AO) oder teilweise des Kommunalabgabengesetzes (KAG).

Ergänzend greifen Sondervorschriften, z. B. das Ordnungswidrigkeitengesetz (OWiG, insbesondere §§ 31 ff. OWiG), §§ 57 ff. AufenthG, § 46 Abs. 2 Satz 2 WaffenG, § 80 Abs. 2 LBauO z. B. zur Versiegelung von Baustellen als Vollstreckungsmittel usw., welche jedoch vordergründig nicht die Vollstreckung von Geldleistungen betreffen und daher hier nicht weiter betrachtet werden sollen.

Maßgeblich für Kommunen ist mithin das LVwVG. Dessen Geltungsbereich bestimmen die §§ 1, 3 LVwVG, nach denen es anwendbar ist bei der Vollstreckung von Verwaltungsakten

- des Landes,
- der kommunalen Gebietskörperschaften und
- der juristischen Personen des öffentlichen Rechts, die der Aufsicht des Landes unterstehen.

Ausnahmsweise wird es auch bei

- Urkunden (§ 68 LVwVG) und
- privatrechtlichen Zahlungsaufforderungen (§ 71 LVwVG i. V. m. LVwVGpFVO)

angewandt.

Das LVwVG ist wie folgt eindeutig und damit praktikabel gegliedert:

1. Teil: Er beschäftigt sich mit der Vollstreckung von Verwaltungsakten und enthält das „eigentliche" Vollstreckungsrecht; er bildet das Kernstück des LVwVG.

2. Teil: Hier finden sich Sondervorschriften zu Urkunden und privatrechtlichen Forderungen.

276 Sammelbegriff für Verwaltungsakte, mit denen ein Handeln, Dulden oder Unterlassengefordert wird.

3. Teil: Das Sicherungsverfahren sowie die Verwertung von Sicherheiten sind dessen Regelungsgegenstand.

4. Teil: Abschließend werden Regeln für entstandene Kosten gesetzt.

Exkurs (Vergleich zu anderen Bundesländern): Während für die öffentlich-rechtlichen Körperschaften auf Bundesebene das Verwaltungsvollstreckungsrecht weitgehend vereinheitlicht ist, trifft dies auf Länderebene, gerade im Hinblick auf die Kommunen, nicht zu. Dies ist verständlich, weil dem Grunde nach jedes Bundesland eigenständig sein Verwaltungsvollstreckungsrecht festlegen darf. Wenngleich es damit in den unterschiedlichen Bundesländern verschiedene Landesverwaltungsvollstreckungsgesetze nebst Verordnungen gibt, kommt es in weiten Teilen doch zu einem inhaltlichen Gleichlauf. Dies gerade auch dann, wenn die regelmäßig zugrunde liegenden Verwaltungsakte z. B. auf der Abgabenordnung basieren, welche schließlich Bundesrecht darstellt. Mit Ausnahme von Bayern, wo auch für die Verwaltungsvollstreckung die ordentliche Gerichtsbarkeit unter Einschaltung von Gerichtsvollziehern genutzt wird[277], kommt es bei den übrigen Bundesländern im Allgemeinen nicht zu großen inhaltlichen Divergenzen[278]. Privatrechtliche Forderungen sind über das gerichtliche Mahn- und Klageverfahren nach der ZPO ohnehin grundsätzlich bundesweit einheitlich zu verfolgen.

9.2.2 Besondere Bedeutung der Verwaltungsvollstreckung

Schon anhand der obigen Definition wird deutlich, dass die (kommunale) Behörde ihre öffentlich-rechtlichen Ansprüche selbst vollstrecken kann, d. h.

- grundsätzlich ohne Einschaltung eines Gerichts etc.;
- sie schafft sich die Titel selbst (i. d. R. in Form eines Verwaltungsaktes), denn merke: vollstreckbar sind immer nur Titel.

Deutlich wird diese für die Praxis erheblich vereinfachende Möglichkeit der Eigenvollstreckung am allgemeinen Verfahrensgang. So wird zunächst ein Verwaltungsakt erlassen, mit dem eine bestimmte Zahlung gefordert wird, z. B. in Form eines Gebührenbescheids. Sodann tritt die sich aus dem Verwaltungsakt ergebende Fälligkeit ein, nach welcher zunächst im Falle der Nichtzahlung eine Mahnung ergeht, ggf. nach zu-

277 Vgl. Art. 26 Abs. 2 Bayerisches Verwaltungszustellungs- und Vollstreckungsgesetz (VwZVG).

278 Vgl. zum Ganzen ausführlicher App/Wettlaufer/Klomfaß, Verwaltungsvollstreckungsrecht, 6. Aufl. 2018, Kapitel 2.

sätzlicher Festsetzung von Nebenforderungen. Anschließend kann die Verwaltungsvollstreckung eingeleitet werden, sodass ohne Beteiligung weiterer (externer) Stellen letztlich die bei der kommunalen Kasse angesiedelte (§ 19 Abs. 1 Satz 1 LVwVG) interne Vollstreckungsstelle zeitnah tätig werden kann.

Solch „selbstgeschaffene" Titel können neben erlassenen Verwaltungsakten auch vollstreckbare Verwaltungsverträge (i. S. eines öffentlich-rechtlichen Vertrages nach §§ 54 ff. VwVfG) sein[279].

Beispiel zur Problematik bei öffentlich-rechtlichen Verträgen:

Im Rahmen der Stadtsanierung (nach BauGB) werden anteilig Ausgleichsbeträge von den Hauseigentümern erhoben, deren Fassaden saniert wurden. Dazu werden häufig Verwaltungsverträge über Laufzeiten von bis zu 30 Jahren geschlossen. Darin wird z. B. geregelt, dass der Gesamtbetrag von meist mehreren Tausend Euro auf Jahre verteilt – inkl. Zinsen – zu zahlen ist. Denkbar wären sodann Vertragsformulierungen, dass bei nicht fristgemäßer Zahlung von Jahresbeträgen sofort der rückständige Gesamtbetrag fällig wird, ebenso beispielsweise beim Grundstücksverkauf. Wichtig ist hier besonders die Formulierung: „Der Vertragspartner unterwirft sich der sofortigen Vollstreckung" o. ä. Nur dann ist die Verwaltungsvollstreckung möglich, andernfalls bedarf es eines verwaltungsgerichtlichen Urteils!

Exkurs für Experten: Abzugrenzen ist mithin von verwaltungsgerichtlichen Titeln, z. B. in Form eines rechtskräftigen Urteils oder eines Prozessvergleichs (vgl. §§ 167, 168 Abs. 1 VwGO i. V. m. ZPO-Vorschriften).

Aus alledem folgt: Fehlt der (Kommunal-)Behörde die Befugnis zum Erlass von Verwaltungsakten, so muss auch sie einen gerichtlichen Titel erstreiten. Dies ist der Fall bei

- privatrechtlichem Handeln der Verwaltung, z. B. hinsichtlich des Verkaufserlöses aus einem Kaufvertrag über gebrauchte Büromöbel[280],
- Verwaltungsverträgen (also öffentlich-rechtlichen Verträgen) ohne Vollstreckungsklausel,

279 Vgl. weiterführend Maurer/Waldhoff, AllgemeinesVerwaltungsrecht, § 14 Rn. 5 ff.
280 Auf die zuvor beschriebenen Ausnahmen nach der LVwVGpFVO wird verwiesen.

- Ansprüchen zwischen verschiedenen Verwaltungsträgern[281], weil hier das Rechtsstaatsprinzip einer Eigenvollstreckung entgegensteht, vgl. deshalb auch § 7 LVwVG.

Unterschiede bei der Vollstreckung von Verwaltungsakten (Leistungsbescheiden),

- die eine Geldforderung beinhalten:

  Vorschriften hierzu enthält der II. Abschnitt des 1. Teils des LVwVG (§§ 19 ff.). Es handelt sich nach den Fallzahlen um den größten Anwendungsbereich. Beispielhaft fällt hierunter die Vollstreckung von Abgabenbescheiden[282], Kostenentscheidungen z. B. nach dem LGebG usw.

- die ein **H**andeln, **D**ulden oder **U**nterlassen beinhalten:

  Maßnahmen der diesbezüglichen Vollstreckung finden sich im III. Abschnitt vom 1. Teil des LVwVG (§§ 61 ff.). Beispiele für solche sog. HDU-Verwaltungsakte: Die Verfügung zum Abriss eines Hauses, zur Beseitigung von Abfall, teilweise zum Entfernen eines verbotswidrig abgestellten Kraftfahrzeugs usw. Hier spielen die Zwangsmittel, § 62 LVwVG, zu denen
  - die Ersatzvornahme (§ 63),
  - das Zwangsgeld (§ 64) sowie
  - der unmittelbarer Zwang (§ 65)

zählen, eine wichtige Rolle. Wissen muss man, dass es sich um Beugemittel, nicht um Strafen handelt. Deshalb unterfallen sie nicht dem strafrechtlichem Grundsatz *ne bis in idem*[283]. Sie können folglich bei Nichtbefolgung bestimmter Verhaltenspflichten ggf. mehrfach angeordnet bzw. angewandt werden.

Doch nun ist sich der Frage zu widmen, wie man eigentlich zur Verwaltungsvollstreckung gelangt.

---

281 Vgl. Maurer/Waldhoff, AllgemeinesVerwaltungsrecht, § 20 Rn. 2.

282 Annex zu Abgabenbescheiden: Für Abgaben nach der AO ist dort im 6. Teil (§§ 249 bis 346 AO) ausdrücklich die Vollstreckung geregelt, diese Bestimmungen sind über das KAG (vgl. § 3 Abs. 1 KAG) aber bei kommunalen Abgaben (legaldefiniert in § 1 Abs. 1 KAG) grundsätzlich gar nicht anwendbar. Somit ist auch für solche Forderungen das LVwVG anzuwenden.

283 Lateinisch, sinngemäß: Verbot der Doppelbestrafung (siehe Art. 103 Abs. 3 GG). Eine begangene Straftat darf nur einmal mit einer Strafe belegt werden.

9.2.3 Vollstreckungsvoraussetzungen

Folgendes Prüfungsschema hat sich etabliert:

1) allgemeine Voraussetzungen

a) **Titel** = i. d. R. VA (Ge- oder Verbot), § 1 LVwVG
b) Titel (i. d. R. VA) muss **vollstreckbar** sein, § 2 LVwVG

=> VA (§ 35 VwVfG[284], § 118 AO, evtl. auch § 31 SGB X)
- unanfechtbar,
- Rechtsbehelf hat keine aufschiebende Wirkung[285] (§ 80 Abs. 2 Satz 1 Nr. 1 bis 3 VwGO) oder
- Anordnung sofortiger Vollziehbarkeit (vgl. § 80 Abs. 2 Satz 1 Nr. 4 VwGO)

c) Titel (i. d. R. VA) muss **wirksam** sein
- keine Nichtigkeit (z. B. nach § 44 VwVfG),
- keine Erledigung
- (Rechtmäßigkeit ist hingegen nicht erforderlich!)

2) besondere Voraussetzungen

(**1**) für die Vollstreckung von VA, mit denen eine **Geldleistung** gefordert wird, §§ 19 ff. LVwVG:

=> **§ 22 LVwVG**
a) Fälligkeit der Leistung
b) Frist von einer Woche (sog. Schonfrist)
- seit Bekanntgabe VA
  oder (wenn die Leistung erst danach fällig wird)
- nach Eintritt der Fälligkeit (Regelfall)

c) Mahnung (Soll-Vorschrift)[286]
= Androhung der Vollstreckung
Mahnung kann erfolgen durch
- öffentliche Bekanntmachung
- verschlossenen Brief
- Postnachnahme

(beachte zur Bewirkung der Mahnung § 5 LVwVGDVO)

---

284 I. V. m. § 1 LVwVfG.
285 Fachbegriff: Suspensiveffekt.
286 Gerne werden in Prüfungen Fragen zur Verwaltungsaktsqualität der Mahnung gestellt. Vgl. dazu ausführlicher Klomfaß, KKZ 2019, 105 ff.

(**2**) Besondere Voraussetzungen für die Vollstreckung von **HDU-VA**, §§ 61 ff. LVwVG

a) **Androhung**[287] eines zulässigen **Zwangsmittels**, § 66 LVwVG (Ausnahme: § 61 Abs. 2 LVwVG)
   - Erfüllungsfrist, § 66 Abs. 1 Satz 3 LVwVG
   - Bezug auf bestimmtes Zwangsmittel, § 66 Abs. 3 Satz 1 LVwVG (vgl. § 66 Abs. 5 LVwVG bei Zwangsgeld)
   - keine gleichzeitige Androhung mehrerer Zwangsmittel bzw. Androhung, sich die Auswahl vorzubehalten, § 66 Abs. 3 Satz 3 LVwVG
   - Androhung eines neuen Zwangsmittels erst nach Erfolglosigkeit des zunächst angedrohten
   - bei Ersatzvornahme: vorläufige Kostenveranschlagung, § 66 Abs. 4 LVwVG (evtl. Vorauszahlung, § 63 Abs. 2 Satz 1 LVwVG)
   - Zustellung, § 66 Abs. 6 Satz 1 LVwVG

b) **Festsetzung**[288] (→ Zwangsgeld), § 64 Abs. 2 LVwVG
   - schriftlich, § 64 Abs. 2 Satz 1 LVwVG
   - von 5 – 50.000 Euro, § 64 Abs. 2 Satz 2 LVwVG
   - angemessene Zahlungsfrist, § 64 Abs. 2 Satz 4 LVwVG

Rechtsfolge: Beginn der Vollstreckung

Annex: Die Voraussetzungen zu Geldleistungsverwaltungsakten gelten entsprechend für

- vollstreckbare Urkunden, vgl. § 68 Abs. 2 LVwVG

  (Bsp.: Verwaltungsvertrag über Stellplätze und Garagen für Kfz gem.§ 47 Abs. 4 LBauO),

- zugelassene privatrechtliche Forderungen, vgl. § 71 Abs. 2 LVwVG (wichtigster Anwendungsfall: Mietforderungen der Gemeinde).

Nebenforderungen können ausnahmsweise mit der Hauptforderung ohne gesonderte Festsetzung (also ohne gesonderten Verwaltungsakt) beigetrieben werden, vgl. § 22 Abs. 3 Satz 1 LVwVG).

Praxistipp zur Haftungsgefahr: Die Geltendmachung einer unberechtigten Forderung kann den Tatbestand des Betruges erfüllen und damit jedenfalls Schadenersatzpflichten nach § 823 Abs. 2 BGB i. V. m. § 263

287 Diese ist selbst wiederum VA, wichtig für schriftliche Prüfungen gerade zum dritten Einstiegsamt bzw. zum Verwaltungslehrgang II.

288 Sie stellt eine Maßnahme der Vollstreckung dar, daher ist § 20 AGVwGO zu beachten, damit keine aufschiebende Wirkung bei Rechtsbehelfen gegen eine solche Festsetzung eintritt.

Abs. 1 StGB auslösen[289]. Dies ist in der Kommunalverwaltung z. B. denkbar, wenn Abgabeansprüche verjährt sein sollten, wodurch diese (anders, als nach dem Privatrecht) erlöschen (vgl. § 47 AO), aber dennoch nachfolgend über eine „Mahnung" oder sonstige Zahlungsaufforderung (wie eine – vermeintliche – Vollstreckungsankündigung) geltend gemacht werden.

9.2.4 Vollstreckungsbehörde nach § 4 LVwVG

Weil das Mahnwesen und die Zwangsvollstreckung Kassengeschäfte darstellen, gehört die Vollstreckungsstelle i. S. v. § 4 LVwVG funktional[290] zur Gemeindekasse[291]. Sachlich ist gem. § 4 Abs. 2 Halbsatz 1 LVwVG grundsätzlich die Vollstreckungsbehörde der Erlassbehörde zuständig. Örtlich richtet sich der Zuständigkeitsbereich der Behörde danach, wo der Schuldner seinen Wohn- bzw. Betriebssitz hat. Liegt dieser außerhalb des Zuständigkeitsbereiches der Gemeinde, kommt eine Amtshilfe nach Art. 35 Abs. 1GG, § 5 LVwVG in Form eines Vollstreckungsersuchens in Betracht. Dessen Mindestinhalt wäre[292]

- eine Erklärung, dass die Voraussetzungen für die Vollstreckung vorliegen;
- die genaue Bezeichnung der beizutreibenden Forderung einschließlich aller Nebenforderungen, aufgegliedert nach Grund und Höhe (siehe auch § 367 Abs. 1 BGB); zum Ausschluss von Verwechslungen sind Gläubiger und Vollstreckungsschuldner eindeutig zu benennen;
- die genaue Bezeichnung der erbetenen Maßnahme, z. B. Ermittlung der Vermögenslage vor Ort mit etwaiger Pfändung von beweglichen Sachen, Lohnpfändung usw.

Exkurs: Vollstreckungsersuchen sind bei entsprechenden Staatsabkommen sogar über die Landesgrenzen hinweg möglich, so z. B. mit Österreich[293].

---

289 So explizit OLG Frankfurt/Main, Beschluss vom 9. Oktober 2018 – 2 Ws 51/17.

290 Siehe § 19 Abs. 1 Satz 1 LVwVG, § 106 Abs. 1 GemO, § 25 Abs. 2 Satz 1 Nr. 4 GemHVO.

291 Und sollte folglich auch entsprechend firmieren, z. B. auf dem Briefkopf der Kommune durch den Zusatz „Gemeindekasse als Vollstreckungsbehörde" o. Ä.

292 Vgl. ausführlicher App/Wettlaufer/Klomfaß, Verwaltungsvollstreckungsrecht, 6. Aufl. 2018, Kapitel 5, Rn. 28 ff. (insbes. mit einem beachtlichen Praxistipp); Fachverband der Kommunalkassenverwalter (Hg.), Handbuch für das Verwaltungszwangsverfahren, Kapitel 1.3, S. 14

293 Vgl. Vertrag zwischen der Bundesrepublik Deutschland und der Republik Österreich über Amts- und Rechtshilfe in Verwaltungssachen vom 31. Mai 1988 (BGBl. II 1990, S. 357)

Praxistipp: Amtshilfeersuchen gilt es natürlich nicht länger in Masse manuell zu erzeugen, zu versenden und bei der empfangenden Vollstreckungsbehörde wiederum ebenso manuell zu erfassen und dann in die konkrete Vollstreckung zu überführen – mit entsprechender Rückgabe nach Erledigung. Dies ist viel zu arbeitsaufwändig und fehlerintensiv. Notwendig sind behördenübergreifend medienbruchfreie digitale Abläufe anzustreben. Weil seit jeher die Kommunen den Rundfunkbeitrag über den ARD, ZDF, Deutschlandrundfunk Beitragsservice[294] für die jeweilige Landesrundfunkanstalt im Wege der Amtshilfe zu vollstrecken hat, wurde dazu bereits früh eine (damals sog. GEZ-)Schnittstelle etabliert, die grundsätzlich jede (kommunale) Vollstreckungssoftware anbinden können muss. Dies ist zwischenzeitlich zur modernen **XAmtshilfe** fortentwickelt worden und grundsätzlich generell für den Austausch von Vollstreckungsaufträgen im Wege der Amtshilfe unter Behörden nutzbar[295].

9.2.5 Aufgaben der Vollstreckungsbehörde

Grundsätzlich ist Aufgabe der Vollstreckungsbehörde die Anordnung, Leitung und Durchführung des Vollstreckungsverfahrens. Dazu gehören

- evtl. die Mahnung von Forderungen (siehe insbesondere § 22 Abs. 2 LVwVG)[296],
- die ausnahmsweise Erteilung von Vollstreckungsaufträgen an die Vollstreckungsbeamten (§ 4 Abs. 1, § 21 LVwVG, § 4 LVwVGDVO), was wiederum voraussetzt, dass sie formell die gesetzlichen Voraussetzungen der Vollstreckung geprüft und eine Entscheidung über die Zulässigkeit der Vollstreckung getroffen hat; logisch folgt dem die Überwachung der erteilten Vollstreckungsaufträge bis hin zu Sondermaßnahmen wie der Beantragung einer richterlichen Durchsuchungsanordnung o. Ä.,

294 Vgl. zu dessen fehlender Behördeneigenschaft VG Schleswig-Holstein, Beschluss vom 1. August 2018 – 4 B 46/18 – Klomfaß, KKZ 2019, 105 ff.

295 Vgl. dazu auch den Fachvortrag auf der Bundesarbeitstagung des Fachverbandes der Kommunalkassenverwalter e. V. am 10./11. Juli 2019 in Würzburg (abrufbar für Teilnehmer über die Internetseiten des Fachverbands).

296 Nach § 25 Abs. 2 Satz 1 Nr. 4, 1. Mod. GemHVO zählt zur Zahlungsabwicklung und damit zu den Kassengeschäften der Gemeindekasse auch das Mahnwesen (früher: § 1 Abs. 1 Satz 2 GemKVO). Damit ist aber nicht ausgesagt, welche Organisationseinheit der Gemeindekasse die Mahnung tatsächlich vorzunehmen hat. Berücksichtigt man, dass § 22 Abs. 2 LVwVG als Vollstreckungsvoraussetzung im II. Abschnitt geregelt ist, welche mit § 19 LVwVG überschrieben beginnt: „Ausübung der Befugnisse der Vollstreckungsbehörde“, ist eine Wahrnehmung durch die Vollstreckungsbehörde möglich. Es bedarf in jedem Falle klarstellend einer Regelung in der Dienstanweisung für die Gemeindekasse.

- Vollstreckung in Forderungen und andere Vermögensrechte, insbesondere Pfändung von Geldforderungen mit Pfändungs- und Überweisungsverfügungen (§§ 43 bis 58 LVwVG), z. B. die Lohn- bzw. Gehaltspfändung,
- die Nutzung bzw. ggf. aktive Durchführung des **Vermögensauskunftsverfahrens** (§§ 25a ff. LVwVG) und zugehöriger Arbeiten wie der Auswertung des Vermögensverzeichnisses usw.[297],
- Anträge an das Amtsgericht zur Vollstreckung in das unbewegliche Vermögen (§ 59 LVwVG), z. B. zwecks Eintragung einer Sicherungshypothek oder zur Zwangsversteigerung respektive -verwaltung sowie entsprechende Forderungsmeldungen,
- Forderungsanmeldungen zu Insolvenzverfahren[298],
- evtl. Erlass von Haftungs- oder Duldungsbescheiden (§ 6 Abs. 2 und 3, § 23 LVwVG)[299],
- Anwendung von Zwangsmitteln (§§ 61 ff. LVwVG),
- Entgegennahme von Widersprüchen gegen Vollstreckungsmaßnahmen, ganz besonders bei zivilrechtlichen Forderungen nach § 74 Abs. 1 Satz 1 LVwVG,
- Einleitung des zivilrechtlichen Mahn- und Klageverfahrens[300],
- ggf. Entscheidung zu Billigkeitsmaßnahmen (Stundung, Erlass oder Niederschlagung), sofern nach § 29 Abs. 3 GemHVO zugewiesen,

---

297 Vgl. dazu ausführlich (mit Schaubildern, Voraussetzungen, Abläufen und Organisationshinweisen) App/Wettlaufer/Klomfaß, Verwaltungsvollstreckungsrecht, 6. Auflage 2018, Kapitel 20.

298 Es handelt sich nicht zwingend um eine Tätigkeit der Vollstreckungsbehörde, wenngleich eine dortige Wahrnehmung in den allermeisten Fällen Sinn ergeben wird. Wegen des großen Bezugs zu Buchführungsfragen wäre aber auch eine Zuordnung zur Buchhaltung bei der Kasse möglich (um ein Kassengeschäft handelt es sich dabei zweifelsfrei).

299 Auch hierzu ist die lokale Dienstanweisung maßgebend.

300 Die schon früher nur ausnahmsweise zulässige Zuweisung dieser Teilaufgabe an andere Organisationseinheiten wirkte bereits damals durch die damit verbundene Aufsplittung von Forderungen gegen ein und denselben Schuldner an unterschiedliche Stellen sowie die zusätzliche Bereitstellung spezieller Vollstreckungssoftware an mehreren Stellen sowie fachspezifischem Vollstreckungspersonal in unterschiedlichen internen Organisationseinheiten nachteilig. Seit Umstellung auf die kommunale Doppik ist eine solche Herauslösungsmöglichkeit grundsätzlich nicht länger vorgesehen, vgl. die auch in Bezug auf die Zwangsvollstreckung zu privatrechtlichen Forderungen eindeutige Formulierung des § 25 Abs. 2 Satz 1 Nr. 4 GemHVO. Die Zuständigkeit der Vollstreckungsstelle der kommunalen Kasse zu solchen privatrechtlichen Forderungen, welche ausnahmsweise via LVwVGpFVO zur öffentlich-rechtlichen Vollstreckung zugelassen sind, ist jedenfalls zweifelsfrei.

- evtl. Antragstellung zur Löschung schuldnerischer Gesellschaften im Handelsregister[301],
- u. v. a. m.

Durch die deutschlandweite und rechtsgebietsübergreifende Mammutreform zum **Vermögensauskunftsverfahren** mit Wirkung ab 2013 hat sich die Vermögensauskunft seither als die zentrale Maßnahme (auch) der Verwaltungsvollstreckung etabliert. Dies führt zu einer möglichst darauf passgenau abgestimmte Umorganisation, die mustergültig (wie vereinfachend) wie folgt aussehen könnte:

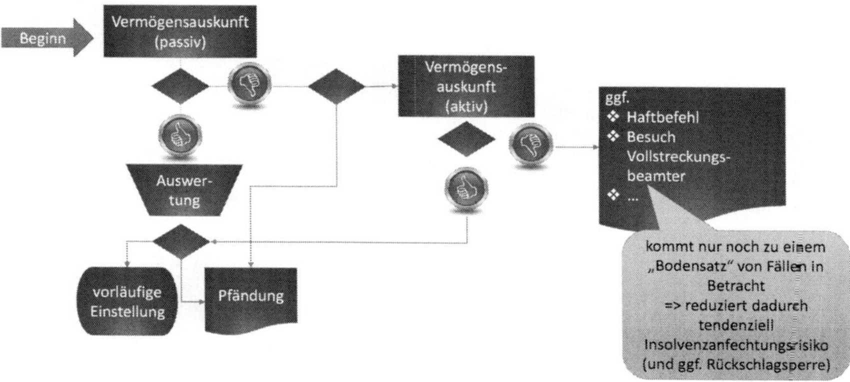

Abbildung 5: Organisation der Vollstreckungsabläufe seit 2013

Nach der Mahnung wird jeder neue Vollstreckungsfall optimalerweise vollautomatisch über das internetbasierte Vollstreckungsportal daraufhin abgeglichen, ob eine Vermögensauskunft bereits abgegeben wurde. Falls ja, wären die zugehörigen Dokumente (wiederum optimalerweise automatisch) herunterzuladen und sodann auszuwerten. Entweder steht danach die Pfandlosigkeit fest, sodass es zum aktuell neuen Fall ggf. direkt zur Einstellung nebst entsprechender Protokollierung kommt. Oder es sind evtl. erfolgversprechende Maßnahmen aufgrund der im Rahmen des (anderweitig) bereits durchlaufenen Vermögensauskunftverfahrens erkennbar. Beispielsweise könnte direkt zu dort angegebenen Bankverbindungen je eine Bankkontopfändung ohne weitergehenden Zeitverzug ausgesprochen werden. Wurde noch kein Vermögensauskunftsverfahren durchlaufen, wären ggf. als Zwischenschritt eigene Forderungspfändungsmaßnahmen der kommunalen Vollstreckungsbehörde (konkret: des Innendienstes) zu ergreifen. Sollten diese entweder nicht

301 Vgl. dazu ausführlich Zimmermann, KKZ 2011, 25 ff.

möglich sein oder scheitern, wäre dann in das „aktive" Vermögensauskunftsverfahren überzuleiten. Dies meint, dass dann bei der kommunalen Vollstreckungsstelle der Schuldner zur dortigen Abnahme der Vermögensauskunft selbst zu laden wäre. Erscheint dieser und gibt sämtliche Erklärungen ordnungsgemäß ab, wären diese wiederum auszuwerten – mit entsprechenden Folgeschritten wie zuvor beschrieben. Nur wenn der Schuldner z. B. bereits nicht zu erreichen sein sollte (bzw. ggf. auch Fälle des Nichterscheinens), wäre der jeweilige Vollstreckungsbeamte noch mit Vollstreckungsmaßnahmen vor Ort zu beauftragen.

9.2.6 Vollstreckungsschuldner nach § 6 LVwVG

Auf den ersten Blick scheint es banal, dass eine Vollstreckungsmaßnahme sich gegen einen Vollstreckungsschuldner richtet. Warum sind aber Ausführungen zum Vollstreckungsschuldner praktisch so bedeutsam?

- Schon beim Thema Anordnungswesen lernten wir: Die Eintragung des Zahlungspflichtigen in der Kassenanordnung muss den Vollstreckungsschuldner sowie dessen vollstreckungsfähige Anschrift enthalten. Nicht vollstreckungsfähig wäre z. B. eine Postfachadresse – eine so ausgewiesene Annahmeanordnung wäre zu beanstanden.
- Die zu verwendenden Adressangaben resultieren aus der Bescheiderstellung (vgl. § 6 Abs. 1 LVwVG): Die vollstreckungsfähige Anschrift muss grundsätzlich mit der Anschrift des Bescheids übereinstimmen. Werden (erst) bei Einleitung der Vollstreckung erhebliche Fehler festgestellt, kann dies Rückwirkungen bis hin zu einer Neubescheidung haben (so noch möglich).
- Daraus wird ein großes Fehlerpotential bei Abweichungen der Schuldneradresse zwischen Bescheid bis hin zum etwaigen Vollstreckungsauftrag erkennbar: Lässt sich beispielsweise bei Einleitung der Vollstreckung nicht mehr zweifelsfrei herleiten, welche von ggf. mehreren infrage kommenden Personen tatsächlich gemeint war, bliebe schlimmstenfalls nur das Ausbuchen der Forderung und damit ein Einnahmeausfall (mit etwaiger Amtshaftung).
- Hinzu kommen in der Praxis[302] Schwierigkeiten der eingesetzten EDV: Nur bei eindeutiger Vorgabe der Datenstruktur von Adressen und programmübergreifender Kennzeichnung kann gewährleistet

302 Und daher hier nicht weiter zu vertiefende Aspekte wie z. B. die (jedenfalls undokumentiert) ausgeschlossene Manipulation von Schnittstellenüberspielungen, einer jederzeit herleitbaren Änderungshistorie zu Stammdaten usw.

werden, dass in verschiedenen Programmen verwendete Adressangaben im letztlich maßgeblichen Vollstreckungsprogramm auch tatsächlich einem Schuldner zugeordnet werden können[303].

Es gilt das Prinzip der **Selbstschuldnerschaft**[304] (§ 6 Abs. 1 LVwVG). Danach unterliegt deshalb das gesamte Vermögen des Schuldners dem Zugriff eines Gläubigers, weil er einem Schuldverhältnis – gleich ob vertraglich oder gesetzlich – unterworfen ist. In der überwiegenden Zahl der Fälle kommunaler Forderungen wurde eine solche Schuld durch einen Verwaltungsakt begründet. Selbstschuldner ist mithin die Person, gegen die sich der Verwaltungsakt richtet.

Eine Vollstreckung ist dabei nur gegen rechtsfähige Personen möglich, dies können wiederum natürliche oder juristische Personen sein. Als juristische Personen kommen insbesondere in Betracht:

a) öffentlich-rechtlich

Körperschaften, Stiftungen, Anstalten, Verbände, Universitäten, Religionsgemeinschaften, Kammern, andere Staaten etc. Eine eigenständige Vollstreckung ist der Kommune mangels Über-/Unterordnungsverhältnis gegenüber solchen Schuldnern oftmals nicht möglich, die Besonderheiten nach § 7 LVwVG sind zu beachten.

b) zivilrechtlich[305]

Rechtsfähige Vereine (e. V.), AG (mit der Sonderform KGaA), GmbH (mit dem Unterfall der Unternehmergesellschaft – haftungsbeschränkt[306]), Genossenschaften (eG), Versicherungsvereine auf Gegenseitigkeit (VVaG), privatrechtliche Stiftungen usw.

Juristische Personen sind grundsätzlich mit vollständiger Bezeichnung inkl. Rechtsform und dem gesetzlichen Vertreter zu erfassen. So ergibt sich die Firmenbezeichnung bei Handelsgesellschaften (AG, GmbH

303 Dies wäre wiederum Grundvoraussetzung für das etwaige Fernziel einer sog. Bürgerakte bzw. einer digitalen Verwaltungsakte. Darunter wird verstanden, dass sich z. B. ein Bürger mittels gesicherter Verbindung in die Behördenakte „einwählt", um dort – hier aus dem Finanzbereich – alle gegen ihn bestehenden Forderungen bzw. Ansprüche einsehen zu können.Vgl. weiterführend Lucke, in: Klewitz-Hommelsen/Bonin (Hg.), Die Zeit nach dem E-Government, S. 110 f.

304 Vgl. ausführlicher App/Wettlaufer/Klomfaß, Verwaltungsvollstreckungsrecht, 6. Aufl. 2018, Kapitel 5, Rn. 108 ff.; allgemein zum Begriff Fachverband der Kommunalkassenverwalter e. V. (Hg.), VZV-Hdb., Kapitel 1.3.1, S. 1.

305 Vgl. instruktiv Wilhelm, Kapitalgesellschaftsrecht, Rn. 1.

306 Häufig abgekürzt UG-haftungsbeschränkt, umgangssprachlich teilweise als „Mini-GmbH" bekannt; neue Rechtsform nach am 1. November 2008 in Kraft getretenem Gesetz zur Modernisierung des GmbH-Rechts und zur Bekämpfung von Missbräuchen (MoMiG).

usw.) aus dem Handelsregister (vgl. §§ 29, 6 Abs. 1 HGB), die offizielle Vereinsbezeichnung eines eingetragenen Vereins aus dem Vereinsregister (vgl. §§ 21, 55 BGB) etc. Wer Vertreter ist, ergibt sich regelmäßig aus dem Gesetz, z. B. bei der AG der Vorstand (§ 78 Abs. 1 AktG[307]), bei der GmbH der Geschäftsführer (§ 35 Abs. 1 GmbHG[308]). Dabei sind seitens dieser juristischen Personen im Schriftverkehr meist alle vorgenannten Daten grundsätzlich anzugeben. Im Regelfall finden sich also sowohl die Bezeichnung der juristischen Person, die Rechtsform, der gesetzliche Vertreter wie auch die vollständige Adresse auf deren Briefkopf[309]. Im Zweifelsfalle sind solche Daten von der veranlagenden Stelle vor Bescheidung zu erfragen. Berücksichtigt werden sollte zu Antragsverfahren, dass grundsätzlich die juristische Person eine Leistung anfordert und deshalb ein eigenes Interesse an der Vollständigkeit der kommunalen Daten zwecks Verfahrensbeschleunigung – hier im Rahmen der Schuldnerverwaltung – hat.

Exkurs: Als Vollstreckungsschuldner kommen auch juristische Personen des Auslands in Betracht, z. B. die Societas Europaea (SE), die Ltd. usw.

Ähnliches gilt bezüglich **rechtsfähiger Personenvereinigungen**, z. B. einer Gesellschaft bürgerlichen Rechts (GbR), einer offenen Handelsgesellschaft (oHG) oder einer Kommanditgesellschaft (KG).

Ausnahmen vom Prinzip der Selbstschuldnerschaft[310]

– **Haftungsschuldner:** Darunter fällt eine Person, welche für die Verpflichtung des Selbstschuldners, also für einen anderen (Fremdschuld)[311], haftet. Eine solche Haftung kann gesetzlich begründet (z. B. Komplementär einer KG) oder vertraglich übernommen sein (z. B. durch Bürgschaft nach § 765 BGB). Für Kommunen kommt hier die Verknüpfung zum Abgabenrecht maßgeblich zum Tragen. So kann sie gesetzliche Haftungsansprüche mittels eines Haftungsbescheides geltend machen (vgl. §§ 191, 69 ff., 38, AO), vertragliche müsste aber auch sie mittels einer Klage vor Zivilgerichten durchsetzen (§ 192 AO).

---

307 Wobei es bei mehreren Vorstandsmitgliedern (Regelfall) ausreicht, die jeweilige Erklärung nur gegenüber einem Vorstandsmitglied abzugeben (§ 78 lAbs. 2 Satz 2 AktG).

308 Gem. § 35 Abs. 2 Satz 2 GmbHG ähnliche Regelung wie zuvor in § 78 Abs. 2 Satz 2 AktG.

309 Hier sind überdies weitere – gerade für die Stammdatenpflege – interessante Daten wie z. B. die Handelsregisternummer enthalten.

310 Vgl. Heuser, Landesverwaltungsvollstreckungsgesetz Rheinland-Pfalz, 4. Auflage 2016, S. 28 ff.

311 Vgl. Birk (Begr.), Steuerrecht, Rn. 291 ff.

- **Duldungsschuldner:** Er ist verpflichtet, die Verbindlichkeiten (ggf. eines anderen) aus den Mitteln, die seiner Verwaltung unterliegen, zu entrichten und wegen dieser Verbindlichkeiten die Vollstreckung in diese Vermögenswerte zu dulden[312], vgl. § 23 Abs. 1 LVwVG oder § 77 Abs. 1 AO[313]. In solchen Fällen bedarf es eines Duldungsbescheides (der Vollstreckungsbehörde). Besonders bedeutsam ist die Vollstreckung bei öffentlich-rechtlichen Abgaben, welche zugleich (dinglich) als öffentliche Last auf dem Grundbesitz ruhen, vgl. § 23 Abs. 2 LVwVG, § 77 Abs. 2 AO. Dies trifft z. B. bei der Grundsteuer (§ 12 GrStG) oder bei Ausbaubeiträgen (§ 7 Abs. 7 KAG) zu.

Beispiel:

Der Eigentümer E eines Grundstücks erhält einen Grundsteuerbescheid, nach welchem er persönlich zur Zahlung der darin ausgewiesenen Beträge verpflichtet wird. Zugleich „haftet" aber auch sein Grundstück selbst für die Grundsteuer als öffentliche Last. Dies bedeutet: Zahlt E die Grundsteuer nicht, kann einerseits wegen der durch Bescheid begründeten **persönlichen** Schuld die gewöhnliche Vollstreckung eingeleitet werden, also z. B. die Pfändung von Sachen bis in Höhe der Schuld vorgenommen werden – inkl. der Zwangsversteigerung des Grundstückes selbst. Andererseits könnte aber auch – bezogen auf die **dinglich** auf dem Grundstück ruhende öffentliche Last – (nur) die Zwangsversteigerung des Grundstückes eingeleitet werden. Dies würde einen Duldungsbescheid an E mit dem Inhalt voraussetzen, dass er als Eigentümer die Vollstreckung in das Grundstück XY zu dulden habe. Gerade für Berufseinsteiger scheint es sich um ein juristisches „Ziselieren" zu handeln, welches nur schwer verständlich ist und ohnehin für den Schuldner schlimmstenfalls zum gleichen Ergebnis führt: Er verliert sein Grundstück. In der Praxis hat diese Unterscheidung jedoch Konsequenzen in Form der Bevorteilung der öffentlichen Hand, z. B. durch die bessere Rangfolge III bei einer Zwangsversteigerung aus dem dinglichen Recht[314] und letztlich bleibenden Vollstreckungsmöglichkeiten trotz Insolvenz (vgl. §§ 49, 89 Abs. 1 InsO)[315].

---

312 Vgl. ausführlich m. w. Nachw. App/Wettlaufer/Klomfaß, Verwaltungsvollstreckungsrecht, 6. Aufl. 2018, Kapitel 5, Rn. 117 ff.; allgemein Fachverband der Kommunalkassenverwalter e. V. (Hg.), VZV-Hdb., Kapitel 1.3.3, S. 53 ff.

313 Gestützt ggf. ebenfalls auf § 191 Abs. 1 Satz 1 AO.

314 Vgl. § 10 Abs. 1 Nr. 3 ZVG. Vgl. zu dieser Rangklassensystematik und der Gefahr des Rangklassenabsturzes in Bezug auf öffentliche Lasten App/Wettlaufer/Klomfaß, Verwaltungsvollstreckungsrecht, 6. Auflage 2018, Kapitel 28, Rn. 12-18.

315 Vgl. App/Klomfaß, Insolvenzrecht, Rn. 113.

Besonders vor diesem Zusammenhang, stellt sich die Frage, ob gerade unter Berücksichtigung des grundsätzlichen Vollstreckungsverbots bei Insolvenzverfahren (§ 89 Abs. 1 InsO) anhängige Vollstreckungsmaßnahmen (wie insbesondere Forderungspfändungen, z. B. konkret in Rede einer Bankkontopfändung) aufgehoben werden müssen, oder ob diese nicht doch lediglich auszusetzen sind (umgangssprachlich häufig bezeichnet mit der **Ruhendstellung**). Kurz gefasst lässt sich dazu feststellen: Es ist gerade umgekehrt. Letztlich wegen der insolvenzrechtlichen Gefahren ist die Aussetzung bzw. sog. Ruhendstellung sogar geboten[316].

9.2.7 Vermögensobjekte

Wie bereits zur Selbstschuldnerschaft ausgeführt, erfasst die Vollstreckung wegen Geldforderungen grundsätzlich das gesamte Vermögen des Vollstreckungsschuldners. Kein Grundsatz ohne Ausnahme: Unpfändbare Sachen und Forderungen dürfen nicht verwertet werden[317]. Unter Vermögen versteht man dabei alle Rechte und Sachen, die einen Geldwert haben[318].

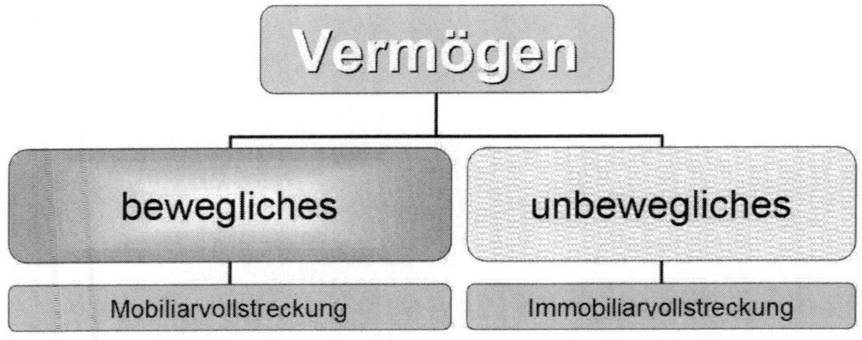

Abbildung 6: Vermögensbegriff

316 Vgl. dazu ausführlich Klomfaß, NJOZ 2018, 481 ff.

317 Bzgl. Sachen siehe § 811 ZPO, bzgl. Arbeitseinkommen §§ 850 ff. ZPO, bzgl. Kontenpfändung siehe die Möglichkeit der Einrichtung eines Pfändungsschutzkontos nach § 850k ZPO, nicht übertragbare Forderungen sind grundsätzlich nicht pfändbar nach § 851 ZPO usw.; siehe allgemein zum Pfändungsschutz bei Forderungspfändungen § 55 LVwVG.

318 Vgl. App/Wettlaufer/Klomfaß, Verwaltungsvollstreckungsrecht, 6. Auflage 2018, Kapitel 18, Rn. 1.

Mögliche Vollstreckungsformen sind danach

- im Bereich der **Mobiliarvollstreckung** hinsichtlich beweglicher Sachen bzw. in Forderungen und andere (Vermögens-)Rechte:
  - Die Sachpfändung (bewegliche Sachen) oder
  - die Forderungspfändung (bzgl. Geld- oder Sachforderungen bzw. anderer Vermögensrechte).
- im Bereich der **Immobiliarvollstreckung** hinsichtlich des unbeweglichen Vermögens (i. d. R. Grundstücke[319]):
  - ein Antrag auf Eintragung Zwangshypothek,
  - ein Antrag auf Zwangsversteigerung oder
  - ein Antrag auf Zwangsverwaltung.

Bisher haben wir uns überwiegend mit der Vollstreckung öffentlichrechtlicher Forderungen befasst. Nun ist zu klären, wie mit zivilrechtlichen Forderungen (einer Kommune) zu verfahren ist.

9.3 Gerichtliches Mahn- und Klageverfahren

Bestehen Wahlrechte, wird sich in aller Regel für die öffentlich-rechtliche Ausgestaltung von Rechtsverhältnissen seitens der Kommune entschieden werden (i. d. R. dabei wiederum durch öffentlich-rechtliche Satzung), um die Vorteile der notwendig werdenden Verwaltungsvollstreckung ausnutzen zu können. Zu den verbleibenden privatrechtlichen Forderungen wäre vorrangig zu prüfen, ob ausnahmsweise trotzdem die Verwaltungsvollstreckung auf Grundlage der LVwVGpFVO durchgeführt werden kann. Nur zu den danach verbleibenden privatrechtlichen Forderungen wie z. B. Lizenzforderungen, Rückforderungs- bzw. Mängelgewährleistungsansprüchen aus Werkverträgen o. Ä. käme es zum gerichtlichen Mahn- und Klageverfahren.

Zu diesem widmen wir uns eingangs der Frage „Was soll eine Mahnung zu privatrechtlichen Forderungen in erster Linie bezwecken?" Richtig ist: Sie ergeht, um den Schuldner in Verzug zu setzen, d. h. wir befinden uns im Leistungsstörungsrecht[320].

319 Einschließlich wesentlicher Bestandteile i. S. v. § 93 BGB und des Zubehörs i. S. v. § 97 BGB, also: Bewegliche Sachen als z. B. wesentliche Bestandteile können von einer Immobiliarvollstreckung erfasst sein, vgl. insbesondere § 1120 BGB.

320 Gute Erklärung des Leistungsstörungsrechts in Brox/Walker, Allgemeines Schuldrecht, 8. Kapitel, S. 227 ff.; speziell zum Verzug siehe § 23 Rn. 1 ff.

Prüfungsschema **Verzugsvoraussetzungen** (§ 280 Abs. 1 und 2 i. V. m. § 286 BGB):

1) Es muss ein **Schuldverhältnis** gegeben sein.

2) Es bedarf eines **durchsetzbaren Anspruchs**, d. h.
   a) einer Forderung (= Anspruch),
   b) die durchsetzbar, also insbesondere fällig ist (keine Unmöglichkeit, der Leistungszeitpunkt muss erreicht sein).

3) Es bedarf ferner einer **Mahnung**
   a) als dringende Leistungsaufforderung,
   b) Mahnung nach Eintritt der Fälligkeit bzw.
   c) ggf. der Entbehrlichkeit einer Mahnung nach § 286 Abs. 2 BGB oder bei vereinbartem Verzicht auf eine Mahnung[321].

4) Es liegt eine Nichtleistung (der geforderten Leistung) vor.

5) Es liegt ein Verschulden des Leistungspflichtigen vor.

Rechtsfolgen:
   1) Ersatz des Verzögerungsschadens, § 280 Abs. 1 und 2 i. V. m. § 286, 249 ff. BGB.
   2) Entrichtung von Verzugszinsen, § 288 Abs. 1 BGB.
   3) Verschärfte Haftung des Schuldners, § 287 BGB.

Merke: Die in § 286 BGB aufgeführte Mahnung[322] ist Verzugsvoraussetzung. Der Mahnbescheid ist darüber hinaus Voraussetzung eines etwa nachfolgenden Vollstreckungsbescheids.

9.3.1 Mahnbescheid

Grundsätzlich ist das Amtsgericht sachlich zuständig, § 689 Abs. 1 Satz 1 ZPO. Die örtliche Zuständigkeit ist abhängig vom Gerichtsstand, § 689 Abs. 2 Satz 1 i. V. m. §§ 12, 13 ZPO und § 7 Abs. 1 BGB, wonach der Wohn- bzw. Betriebssitz i. d. R. entscheidet (funktionell ist der Rechtspfleger zuständig, § 20 Nr. 1 RPflG, ein Beamter des dritten Einstiegsamtes); beachtlich ist jedoch die Verordnungsmöglichkeit nach § 689 Abs. 3 ZPO. Danach ist zentral für den Erlass von Mahnbescheiden in Rheinland-Pfalz und sogar dem Saarland das Amtsgericht Mayen zuständig[323].

---

321 Vgl. Sonderfall nach § 286 Abs. 3 BGB.

322 Es handelt sich um eine (dringliche) Zahlungsaufforderung, zu welcher die Regelungen zu Willenserklärungen entsprechende Anwendung finden, vgl. BGH 47, 357, NJW 1987, 1546 (1547).

323 Vgl. Landesgesetz zu dem Staatsvertrag zwischen dem Land Rheinland-Pfalz und dem Saarland über die Errichtung eines gemeinsamen Mahngerichts vom 14. März 2005 (GVBl. 2005, S. 61).

Die Inhalte des Mahnbescheids ergeben sich aus §§ 692 i. V. m. 690 ZPO:

§ 692 ZPO

(1) Der Mahnbescheid enthält:

1. die in § 690 Abs. 1 Nr. 1 bis 5 bezeichneten Erfordernisse des Antrags

   ...

   (=> ***§ 690 I Nr. 1 bis 5 ZPO***)
   1. die Bezeichnung der Parteien, ihrer **gesetzlichen Vertreter** und der Prozessbevollmächtigten;
   2. die Bezeichnung des Gerichts, bei dem der Antrag gestellt wird;
   3. die Bezeichnung des Anspruchs unter bestimmter Angabe der verlangten Leistung; Haupt- und Nebenforderungen sind gesondert und einzeln zu bezeichnen, Ansprüche aus Verträgen gemäß den §§ 491 bis 504 des Bürgerlichen Gesetzbuchs, auch unter Angabe des Datums des Vertragsschlusses und des nach den §§ 492, 502 des Bürgerlichen Gesetzbuchs anzugebenden effektiven oder anfänglichen effektiven Jahreszinses;
   4. die Erklärung, dass der Anspruch nicht von einer Gegenleistung abhängt oder dass die Gegenleistung erbracht ist;
   5. die Bezeichnung des Gerichts, das für ein streitiges Verfahren zuständig ist.

2. den Hinweis, dass das Gericht nicht geprüft hat, ob dem Antragsteller der geltend gemachte Anspruch zusteht;

3. die Aufforderung, innerhalb von zwei Wochen seit der Zustellung des Mahnbescheids, soweit der geltend gemachte Anspruch als begründet angesehen wird, die behauptete Schuld nebst den geforderten Zinsen und der dem Betrag nach bezeichneten Kosten zu begleichen oder dem Gericht mitzuteilen, ob und in welchem Umfang dem geltend gemachten Anspruch widersprochen wird;

4. den Hinweis, dass ein dem Mahnbescheid entsprechender Vollstreckungsbescheid ergehen kann, aus dem der Antragsteller die Zwangsvollstreckung betreiben kann, falls der Antragsgegner nicht bis zum Fristablauf Widerspruch erhoben hat;

5. für den Fall, dass Formulare eingeführt sind, den Hinweis, dass der Widerspruch mit einem Formular der beigefügten Art erhoben werden soll, das auch bei jedem Amtsgericht erhältlich ist und ausgefüllt werden kann, und dass für Rechtsanwälte und registrierte Personen nach § 10 Absatz 1 Satz 1 Nummer 1 des Rechtsdienstleistungsgesetzes § 702 Absatz 2 Satz 2 gilt;

6. für den Fall des Widerspruchs die Ankündigung, an welches Gericht die Sache abgegeben wird, mit dem Hinweis, dass diesem Gericht die Prüfung seiner Zuständigkeit vorbehalten bleibt.

(2) An Stelle einer handschriftlichen Unterzeichnung genügt ein entsprechender Stempelabdruck oder eine elektronische Signatur.

Etabliert hat sich die Antragstellung über das Internet[324].

Wichtig ist zu wissen: Seitens des Amtsgerichtes erfolgt keine (inhaltliche) Anspruchsprüfung.

9.3.2 Vollstreckungsbescheid

Erst der Vollstreckungsbescheid ist Vollstreckungstitel (§ 794 Abs. 1 Nr. 4 ZPO). Zuständig sind grundsätzlich die Amtsgerichte als Vollstreckungsgerichte (§§ 828, 764 ZPO)[325]. Ausnahme: Wenn aufgrund eines Rechtsstreites bereits das Prozessgericht zuständig ist, dann erlässt dieses auch den Vollstreckungsbescheid (§ 699 Abs. 1 Satz 3 ZPO). Abzustellen ist hier auf den Tag der Abgabe des Rechtsstreites an das Prozessgericht. Bis dato erlässt das Vollstreckungsgericht den Vollstreckungsbescheid. Richtiger **Rechtsbehelf** gegen diesen Bescheid wäre der Einspruch (§ 700 Abs. 1 i. V. m. § 338 ZPO). Wird ein Einspruch eingelegt, kommt es zur Abgabe an das im Mahnbescheid angegebene Gericht, also dem Gericht der Hauptsache, welches grundsätzlich das allgemeine Gericht des Antragstellers wäre. Verhandlungen über Einsprüche sind abhängig von Wertgrenzen (vgl. § 23 GVG); evtl. ist das Landgericht zuständig (§ 71 Abs. 1 GVG).

Das zuständige Gericht prüft nur die Zulässigkeit des Einspruchs. Die Begründetheit kann nicht geprüft werden, weil bis dahin keine Begründung des geltend gemachten Anspruchs vorliegt. Aber: Es ergeht eine Aufforderung an den Antragsteller des Mahnbescheides (jetzt: der Kläger), binnen zwei Wochen seinen Anspruch zu begründen (§ 700 Abs. 3 Satz 1 i. V. m. § 697 Abs. 1 ZPO). Dann folgt die Prozessverhandlung über den eigentlichen Anspruch.

Kommt es zum Vollstreckungsbescheid, bildet dieser die Vollstreckungsgrundlage für ein Tätigwerden des (staatlichen) **Gerichtsvollziehers**. Bei zivilrechtlichen Ansprüchen gilt also, dass die Kommune grundsätzlich

324 Vgl. speziell www.online-mahnantrag.de (zuletzt abgerufen am 30. April 2021).

325 Vgl. Stöber, Forderungspfändung, 17. Auflage 2020, S. 215. Auch die zusätzliche Zwischenschaltung von Vollstreckungsgerichten führt dabei nicht zwingend zur Erhöhung des Sicherheitsniveaus. Weil die notwendigen Zustellungen formularmäßig ohne weitergehende inhaltliche Prüfungen erfolgen, ist Missbrauch nicht ausgeschlossen, vgl. Kuhr, Die unsichtbare Dritte, in: SZ Nr. 165 vom 21. Juli 2014, S. 17.

wie jeder andere Gläubiger einen Mahn- und einen Vollstreckungsbescheid zu erwirken hat, auf deren Grundlage dann nicht der eigene Vollstreckungsbeamte sondern der Gerichtsvollzieher einschreitet.

Einen Sonderfall, und daher hier nur aufzuzeigen, bildet die Landesverordnung über die Vollstreckung privatrechtlicher Geldforderungen nach dem Landesverwaltungsvollstreckungsgesetz (*LVwVGpFVO*)[326]. Hiernach ist es der Kommune ausnahmsweise doch einmal erlaubt, zu bestimmten privatrechtlichen Forderungen das „gewöhnliche" kommunale Vollstreckungsrecht zu nutzen, was i. d. R. Zeitvorteile bietet. Bedeutsam ist dies z. B. für Miet- oder Pachtforderungen zu eigenen Grundstücken, Gebäuden, Anlagen oder Einrichtungen oder zu übergeleiteten Unterhaltsansprüchen[327]. Allerdings ist der Schuldner in diesen Fällen über ein gesondertes Widerspruchsrecht nach § 74 Abs. 1 Satz 2 LVwVG zu belehren. Erhebt er Widerspruch, ist die Vollstreckung nach § 74 Abs. 1 Satz 1 LVwVG einzustellen und das übliche Mahn- und Klageverfahren einzuleiten (§ 74 Abs. 3 LVwVG).

Beispiel zum Vollstreckungsrecht[328]

Sachverhalt:

Jürgen – genannt der Löwe aus dem Bau – Snyder (nachfolgend S) erwirbt im Stadtgebiet der Kommune K mehrere Grundstücke mit Gebäuden. Diese möchte er sanieren und nachfolgend teuer weiter vermieten. Für diese Grundstücke sind verständlicherweise kommunale Abgaben wie die Grundsteuer, Gebühren bzw. Beiträge für Wasserbereitstellung sowie Abwasserbeseitigung usw. zu entrichten, weshalb S entsprechende Abgabenbescheide seitens Kommune K erhält. Auch der kommunale Entsorgungsbetrieb (Eigenbetrieb) der Kommune K macht Beträge mittels eines korrekten Abgabenbescheides geltend, welche zudem als öffentliche Lasten auf diesen Grundstücken ruhen (vgl. § 7 Abs. 7 KAG). Allerdings zahlt S diese Forderungen nicht, es kommt zu Gesamtrückständen i. H. v. gerundet 37.000 Euro, welche mit einem letzten Teilbetrag spätestens bis zum 19. März 2019 zahlbar waren. Aus hier nicht weiter zu hinterfragenden Gründen wird S auf schriftlichen Antrag hin eine (weiterführend inhaltlich korrekte) Stundung u. a. mit folgendem Wortlaut gewährt: „Die Stundung wird

326 Vgl. dazu ausführlich Klomfaß, NJOZ 2016, 121 ff.
327 Siehe § 1 Abs. 1 Nr. 1 Buchst. h bzw. m LVwVGpFVO.
328 Ein für Lern- und Übungszwecke stark vereinfachter Fall mit rein fiktiven Daten, welcher jedoch anlässlich diverser tatsächlich aufgetretener Fälle ausgearbeitet wurde.

unter Widerrufsvorbehalt ausgesprochen. Geraten Sie, z. B. mangels Deckung Ihres Kontos, in Zahlungsverzug, stellt dies einen Widerrufsgrund dar. In diesem Falle sehen wir uns nicht mehr an die Stundungsvereinbarung gebunden und werden die rückständigen Abgaben umgehend vollstrecken lassen." Im weiteren Text des Stundungsbescheides wird der damalige Gesamtrückstand sodann in monatliche Einzelbeträge aufgegliedert, darauf Stundungszinsen berechnet und Monatsbeträge bis zur letzten Fälligkeit am 15. Dezember 2020 vereinbart.

Nach anfänglichen Zahlungen kann S jedoch schon die Stundungsbeträge zum 15. September und 15. Oktober 2020 i. H. v. je 3.000 Euro nicht leisten. Für die Folgemonate sind noch gem. Stundungsbescheid zu entrichten:

15.11.2020 3.000,00 Euro (Hauptforderung)

15.12.2020 3.726,34 Euro (Hauptforderung und Stundungszinsen)

Am 20. Oktober 2020 ruft die beim Entsorgungsbetrieb für den Fall zuständige Sachbearbeiterin bei der Vollstreckungsstelle an. Es soll sofort über den verbleibenden Gesamtrückstand die Vollstreckung eingeleitet werden.

Aufgabenstellung:

1. Versetzen Sie sich in den bei der Vollstreckungsstelle zuständigen Sachbearbeiter I. D. Fix und prüfen Sie, ob sofort die Vollstreckung auf Grundlage des Abgabenbescheides über den rückständigen Gesamtbetrag eingeleitet werden kann.

   Bearbeiterhinweise: Der Sachverhalt ist als wahr und bewiesen zu unterstellen. Die Vollstreckungsstelle der Kommune K ist zuständig.
2. Was wäre ggf. dem Entsorgungsbetrieb aus wirtschaftlicher Sicht für die Zukunft dringend zu empfehlen? Es genügt ein Antwortsatz.

Skizzenhafter Lösungsvorschlag[329]:

zu 1.

Vor Einleitung der Vollstreckung ist zu prüfen, ob die Vollstreckungsvoraussetzungen überhaupt gegeben sind. Dies geschieht nach folgendem

329 Eine gutachterliche Lösung wäre natürlich von Anfang bis Ende – entsprechend strukturiert – in ganze Sätze zu kleiden. Aus Platz- wie Lehrgründen werden hier nur entscheidende Passagen umfangreicher ausformuliert, während unproblematische Punkte einzig schematisch aufgeführt sind.

PRÜFUNGSSCHEMA

(1) allgemeine Voraussetzungen

a) **Titel** = i. d. R. VA (Ge- oder Verbot) (§ 1 LVwVG)

Grundsätzlich bedarf es zur Vollstreckung eines Titels, im Verwaltungsvollstreckungsrecht mithin i. d. R. eines – hier auf Zahlung gerichteten – Verwaltungsaktes. Im vorliegenden Fall könnte man auf die Idee kommen, die Vollstreckungsvoraussetzungen auf Grundlage des Stundungsbescheides zu prüfen. Aber ungeachtet des Problems, ob dieser überhaupt (noch) in der Welt ist, wäre dies wohl nicht gewollt, denn: Dort sind ja Fälligkeiten bis zum 15. Dezember 2020 – also ausgehend von der Fragestellung an I. D. Fix am 20. Oktober 2020 sogar zukünftige – ausgewiesen. Frühestens nach deren Überschreiten wäre bzgl. der danach fälligen Teilbeträge ein Vollstreckungseintritt auf Grundlage des Stundungsbescheides denkbar. Die Aufgabenstellung ist zudem eindeutig: Sie fragt danach, ob eine Vollstreckung des verbleibenden Restbetrages auf Grundlage des **Abgabenbescheides** sofort möglich wäre. Bei diesem handelt es sich um einen Verwaltungsakt, da er alle Merkmale nach § 118 Satz 1 AO, § 3 Abs. 1 Nr. 3 KAG[330] erfüllt.

b) Titel = hier VA muss **vollstreckbar** sein (§ 2 LVwVG)

Der zuvor ermittelte VA in Form des Abgabenbescheides auf Grundlage von § 118 Satz 1 AO muss entweder

- unanfechtbar sein oder
- ein Rechtsbehelf hätte keine aufschiebende Wirkung (§ 80 Abs. 2 Satz 1 Nr. 1 bis 3 VwGO) oder
- es wäre die Anordnung sofortiger Vollziehbarkeit ausgesprochen (vgl. § 80 Abs. 2 Satz 1 Nr. 4 VwGO)[331].

Im vorliegenden Fall liegt der Erlass des Abgabenbescheides schon lange zurück. Weil keine Ausführungen zu anhängigen Rechtsbehelfen im Sachverhalt enthalten sind, kann daher grundsätzlich davon ausgegangen werden, dass solche nicht mehr zulässig sind. So-

---

330 Inhaltsgleich zu den VA-Merkmalen nach § 35 Satz 1 VwVfG (§ 1 LVwVfG). Wäre der VA folglich auf dieser – hier nicht anwendbaren – Rechtsgrundlage geprüft worden, bliebe das Ergebnis trotzdem gleich. Merke: Im Abgabenrecht findet maßgeblich (ggf. über das KAG) die Abgabenordnung Anwendung.

331 Beachte: Grundsätzlich entfaltet nach § 361 Abs. 1 Satz 1 AO ein Rechtsbehelf gegen einen Steuerbescheid keine aufschiebende Wirkung, aber: Bei Abgaben ist diese Vorschrift grundsätzlich nicht anwendbar, siehe § 3 Abs. 1 Nr. 7 KAG. Vielmehr greift dann anstelle des in Steuersachen eigentlich maßgeblichen finanzgerichtlichen Verfahrens das verwaltungsgerichtliche, siehe § 3 Abs. 2 Nr. 2 KAG. Dies verdeutlicht die Anwendung der vorgenannten Vorschriften der VwGO.

mit wäre der Abgabenbescheid bestandskräftig[332], also unanfechtbar. In dem schriftlichen Stundungsantrag, in welchem zudem das Bestehen der Schuld grundsätzlich eingeräumt wird, ist zugleich ein (verjährungsunterbrechendes) Anerkenntnis der Forderung zu sehen[333], welches ebenfalls für die Unanfechtbarkeit spräche. Die erste Variante nach § 2 LVwVG ist erfüllt. Aber auch dessen zweite Variante ist als gegeben anzusehen, weil die hier angeforderten Entsorgungskosten den Abgabenbegriff nach§ 1 Abs. 1 KAG und damit gleichlaufend, weil der Ertragszweck im Mittelpunkt steht, selbigen nach § 80 Abs. 2 Satz 1 Nr. 1 VwGO erfüllen[334]. Ein vollstreckbarer Verwaltungsakt in Form des Abgabenbescheides ist insoweit gegeben.

c) Titel = hier VA muss **wirksam** sein:
- keine Nichtigkeit (z. B. nach § 125 AO),
- keine Erledigung

(Rechtmäßigkeit ist hingegen nicht erforderlich)

Bezogen auf den vorliegenden Fall ist hinsichtlich des verbleibenden Rückstandes **i. H. v. 12.726,34 Euro (= den Hauptforderungen und den Stundungszinsen)** mangels Zahlung keine Erledigung eingetreten. Überdies sind keine Gründe einer Nichtigkeit ersichtlich. **Problematisch** wäre bereits an dieser Stelle, wie die bis zum Ende des Stundungsplanes berechneten **Stundungszinsen** zu behandeln wären, was hier aus Vereinfachungsgründen jedoch nicht weiter thematisiert werden soll.

(2) Besondere Voraussetzungen für die Vollstreckung von VA, mit denen eine **Geldleistung** gefordert wird, §§ 19 ff. LVwVG

Maßgeblich ist insbesondere **§ 22 LVwVG**, welcher die Fälligkeit der Leistung fordert. Wie bereits dargestellt, ist für die Frage der Vollstreckung auf den ursprünglichen Abgabenbescheid abzustellen. Mit ihm geltend gemachte Forderungen müssen fällig sein. **Problematisch** ist hier die gewährte **Stundung**. Sie umfasst einen **Widerrufsvorbehalt** i. S. v. § 120 Abs. 2 Nr. 3 AO[335], § 3 Abs. 1 Nr. 3 KAG. Zwar ist dies zulässig, weil es sich bei einer Stundung um eine Ermessensentscheidung handelt (siehe § 222 Satz 1 AO,

---

332 Merke zur Formulierung: Ein Urteil wird rechtskräftig, der VA hingegen bestandskräftig.

333 BGH, Urteil vom 27. April 1978 –VII ZR 219/77 – NJW 1978, 1914; vgl. ausführlich Fischer, JuS 1999, 998 ff. (1001).

334 Vgl. Hufen, Verwaltungsprozessrecht, 11. Auflage 2019, § 32 Rn. 11; vgl. lehrreich zu dieser Problematik Thür. OVG, Beschluss vom 14. Februar 2008 – 3 EO 838/07 – KKZ 2010, 258 ff.

335 In dieser Hinsicht inhaltsgleich: § 36 Abs. 2 Nr. 3 VwVfG, § 1 LVwVfG.

§ 3 Abs. 1 Nr. 5 KAG[336]). Allerdings führt dies dazu, dass erst formal korrekt ein Widerruf[337] erklärt werden muss. Ein solcher wurde aber nicht erklärt. Somit steht dem ursprünglichen Abgabenbescheid noch die Stundung im Wege, welche eine Laufzeit bis zum 15. Dezember 2020 ausweist. Es kann deshalb hinsichtlich des verbleibenden Gesamtrückstandes nicht auf die Fälligkeit(en) des ursprünglichen Abgabenbescheids abgestellt werden.

Ergebnis:

Zwar wird aus der Formulierung der vorliegenden Stundung ersichtlich, dass der Entsorgungsbetrieb der Kommune K sich wegen Nichtzahlung der Stundungsraten nicht mehr an die Stundung gehalten „fühlen" möchte. Weil dieser aber einen Widerrufsvorbehalt in die Stundung aufnahm, hätte es eines Widerrufes bedurft, der bisher nicht erklärt wurde. Somit existiert die Stundung noch, mithin auch deren Fälligkeitstermine. Damit ist der ausgewiesene Gesamtoffenstand mangels Fälligkeit nicht vollstreckbar.

Rechtsfolge: Kein Beginn der Vollstreckung über den verbleibenden Gesamtbetrag.

zu 2.

Kommune K, hier in Bezug auf deren Entsorgungsbetrieb, wäre dringend die Formulierung einer (auflösenden) Bedingung im Stundungsbescheid zu empfehlen[338], sofern eine Stundung überhaupt infrage kommt[339]. Erläuterung: Die Stundung (siehe § 222 Satz 1 AO, § 3 Abs. 1 Nr. 5 KAG[340]) stellt eine Ermessensentscheidung dar. Diese kann mit Nebenbestimmungen wie der hier zu empfehlenden Bedingung (siehe § 120 Abs. 2 Nr. 2 AO[341], § 3 Abs. 1 Nr. 3 KAG) versehen werden. Wird in einem solchen Fall ein Stundungstermin nicht eingehalten, kommt die auflösende Wirkung zum Tragen. Automatisch fällt

---

336 Ebenso etwaige Stundungen nach § 23 Abs. 1 Satz 1 GemHVO.

337 Der Widerruf selbst ist ebenfalls wieder ein VA i. S. v. § 118 Satz 1 AO bzw. § 35 Satz 1 VwVfG.

338 So auch Fachverband der Kommunalkassenverwalter (Hg.), Handbuch für das Verwaltungszwangsverfahren, Kapitel 22.2, S. 9.

339 Nur angedeutet werden soll die skizzierte Rangklassenproblematik bei bestehenden öffentlichen Lasten als gesetzlich vorrangig bestehendem Sicherungsrecht. Gerade zu persönlichen Ansprüchen mit bestehenden Sicherungsrechten empfiehlt sich jedoch eine restriktive Handhabung etwaiger Billigkeitsanträge. Vgl. zu dieser Thematik (mit Schaubild) weiterführend Klomfaß, KKZ 2016, 152 ff. Vgl. zur Empfehlung insoweit restriktiven Vorgehens auch App/Klomfaß, Insolvenzrecht, Praxistipp zu Hypotheken und Stundungen bei Rn. 398.

340 Ebenso etwaige Stundungen nach § 23 Abs. 1 Satz 1 GemHVO.

341 In dieser Hinsicht inhaltsgleich: § 36 Abs. 2 Nr. 2 VwVfG, § 1 LVwVfG.

bzgl. der nicht beglichenen Stundungsbeträge die Stundung weg, der verbleibende Restbetrag ist wieder nach dem ursprünglichen Abgabenbescheid zu behandeln. Dies kann nicht nur bedeuten, dass auf dessen Grundlage die Vollstreckung eingeleitet werden könnte. Gerade bei Abgaben führt dies auch dazu, dass Säumniszuschläge anfallen, siehe § 240 Abs. 1 Satz 1 AO (anstelle der während einer wirksamen Stundung zu berechnenden Stundungszinsen, vgl. insbesondere § 234 Abs. 1 Satz 1 AO[342]).

342 Ähnlich nach § 23 Abs. 1 Satz 2 GemHVO.

10 Grundzüge des Insolvenzrechts[343]

Das Insolvenzrecht nimmt eine bedeutende Sonderstellung ein. Nachdem die Insolvenzordnung (InsO) 1999 die Konkursordnung ablöste[344], entstammen diesem besonderen Zivilrecht wichtige materielle Regelungen, welche immer wieder zu höchstrichterlichen Urteilen Anlass geben, die weit über das Insolvenzrecht hinaus in andere Rechtsgebiete wirken. Während die Konkursordnung primär die Verwertung des schuldnerischen Vermögens vorsah, was viele Anknüpfungspunkte zum zuvor behandelten Vollstreckungsrecht bietet, wird mit der InsO zunehmend die geordnete Sanierung[345] der finanziellen Lage des Schuldners angestrebt, neben das anwendbar seit 2021 sogar ein eigenständiges Restrukturierungsrecht (auf Basis von EU-Vorgaben) gestellt ist[346]. Denn in der Realität ist schlicht zu konstatieren, dass über eine konkrete Forderung hinaus ein Schuldner generell nicht mehr in der Lage sein kann, seine Gläubiger zu befriedigen. Die moderne InsO reagiert auf hohem Entwicklungsstand auf solche Situationen. So ist es heute – anders als im römischen Recht – nicht mehr möglich, dass ein Gläubiger insolvente Schuldner als Sklaven verkaufen oder gar töten kann. Insofern hat sich die Gesellschaft erheblich weiterentwickelt. Umgekehrt muss man hervorheben, dass die Gläubiger (und nicht z. B. der Staat) das Sonderopfer des Forderungsverlustes zu Gunsten eines wirtschaftlichen Neubeginns des Schuldners tragen[347]. Dies verständigerweise umso stärker, je mehr bzw. je früher dem Schuldner Erleichterungen gewährt werden – künftig zum Verbraucherschuldner regelmäßig als **Restschuldbefreiung** bedingungslos bereits nach drei Jahren[348].

343 Vgl. ausführlich App/Klomfaß, Insolvenzrecht.

344 Zudem die Vergleichs- sowie die Gesamtvollstreckungsordnung.

345 Vgl. zur möglichen Unternehmenssanierung das Insolvenzplanverfahren, § 217 ff. InsO, nochmals gestärkt durch das Reformgesetz ESUG in 2012 (insbesondere durch Schaffung des Schutzschirmverfahrens). Auch das seit 2018 wirkende Konzerninsolvenzrecht zielt anteilig in diese Richtung.

346 Gesetz über den Stabilisierungs- und Restrukturierungsrahmen für Unternehmen (StaRUG) vom 22. Dezember 2020, BGBl. I, 3256 ff. Vgl. schon im Vorfeld zum darin nun enthaltenen vorinsolvenzlichen Sanierungsverfahren nebst Hintergründen Klomfaß, KKZ 2019, 121 (122).

347 Vgl. Gogger/Fuhst, Insolvenzgläubiger-Handbuch, 4. Aufl. 2020.

348 Gesetz zur weiteren Verkürzung des Restschuldbefreiungsverfahrens und zur Anpassung pandemiebedingter Vorschriften im Gesellschafts-, Genossenschafts-, Vereins- und Stiftungsrecht sowie im Miet- und Pachtrecht vom 22. Dezember 2020, BGBl. I S. 3328 ff.

10.1 Ziele des Insolvenzverfahrens

Das Insolvenzverfahren verfolgt vier Zwecke[349]:

- Die **gleichmäßige Gläubigerbefriedigung** nach § 1 Satz 1 InsO (im Gegensatz zum sonst geltenden Prioritätsprinzip nach dem Motto, „wer zuerst kommt, mahlt zuerst"),
- eine **geordnete Vermögensabwicklung** unter Aufsicht des Gerichts,
- die **Bereinigung der Schuldnerverbindlichkeiten** bis hin zur Restschuldbefreiung beim redlichen Schuldner (§ 1 Satz 2 InsO) und
- letztlich auch die **Eliminierung nicht mehr existenzfähiger Unternehmen**[350].

10.2 Beteiligte eines Insolvenzverfahrens

Beteiligte sind

- das Insolvenzgericht,
- der Insolvenzverwalter (in der Regelinsolvenz)/der Treuhänder (zum Restschuldbefreiungsverfahren)/der Sachwalter (bei der Eigenverwaltung),
- die Gläubiger (Gläubigerversammlung, -ausschuss) und
- der Schuldner.

10.3 Zwingende Erfordernisse für ein Insolvenzverfahren

Ein Insolvenzverfahren setzt zunächst die Insolvenz(-verfahrens-)fähigkeit voraus (§ 11 InsO)[351]. Außerdem muss ein Eröffnungsgrund vorliegen (§ 16 InsO). Als solche kommen abschließend infrage die Zahlungsunfähigkeit (§ 17 InsO), die drohende Zahlungsunfähigkeit (§ 18) oder die Überschuldung (§ 19 InsO, bei juristischen Personen). Schließlich ist ein Eröffnungsantrag zu stellen (§ 13 InsO). Bei Privatpersonen wird die-

349 Vgl. Fachverband der Kommunalkassenverwalter (Hg.), Handbuch für das Verwaltungszwangsverfahren, Kapitel 7, S. 1.

350 Nicht ausdrücklich in der InsO normiert, aber klares Anliegen des Gesetzgebers, vgl. BT-Drs. 12/2443, S. 86.

351 Dies entspricht der passiven Parteifähigkeit des Zivilverfahrensrechts.

ser regelmäßig um einen Antrag auf **Restschuldbefreiung** ergänzt[352] (vgl. §§ 286 ff. InsO).

10.4 Ablauf eines Insolvenzverfahrens in Kurzfassung

Bevor man auf Ablauffragen eingehen kann, ist sich vor Augen zu führen, dass die InsO nicht nur ein für alle Fälle allgemeingültiges Verfahren kennt. Vielmehr stehen verschiedene **Verfahrensarten der InsO** für unterschiedliche Fallkonstellationen bereit:

- Regelinsolvenzverfahren (§§ 11 bis 216 InsO)
- spezielle Verfahrensarten
  - Eigenverwaltung (§§ 270 ff. InsO)
  - Schutzschirmverfahren (§ 270d InsO)
  - Insolvenzplan (§§ 217 ff. InsO)
  - Koordinierung der Verfahren von Schuldnern, die derselben Unternehmensgruppe angehören (§§ 269a bis 269i InsO; umgangssprachlich wie vereinfachend „Konzerninsolvenzrecht")
  - Verbraucherinsolvenz (§§ 304 ff. InsO)
  - Restschuldbefreiung (§§ 286 ff. InsO)
  - Insolvenzverfahren über besondere Vermögensmassen
    - Nachlassinsolvenzverfahren (§§ 315 ff. InsO)
    - (fortgesetzte) Gütergemeinschaft (§§ 332 ff. InsO)

Verständlich dürfte auf den ersten Blick werden, dass die verschiedenen Verfahrensarten unterschiedliche Anforderungen haben, die sich auch auf den Ablauf auswirken. Deshalb müsste eigentlich der Ablauf zu Regelinsolvenzverfahren, denen z. B. Firmen in Rechtsform der GmbH oder AG unterfallen, gesondert dargestellt werden gegenüber dem Ablauf eines Verbraucherinsolvenzverfahrens mit nachfolgendem Restschuldbefreiungsverfahren, welches auf natürliche Personen ohne selbständige wirtschaftliche Tätigkeit abstellen[353]. Zu Lernzwecken stark vereinfacht lässt sich der allgemeine Ablauf zu diesen komplexen Themen wie folgt skizzieren:

352 Beachte zusätzlich die Stundungsmöglichkeit der Verfahrenskosten nach § 4a InsO.
353 Zum Verbraucherbegriff i. d. S. vgl. § 304 InsO.

– **Restrukturierungsplan**[354]

Der bewusst außerhalb der InsO geregelte Restrukturierungsplan wird zur verpflichtenden Umsetzung von EU-Recht eingeführt und orientiert sich weitgehend am Insolvenzplan, der in einem eröffneten Insolvenzverfahren auf Antrag des Unternehmens insbesondere zur Sanierung gewählt werden kann. Die Eröffnung eines (mitunter kostenintensiven) Insolvenzverfahrens soll jedoch gerade vermieden werden, vor allem aus psychologischen Gesichtspunkten, weil dies unverändert in weiten Gesellschaftsteilen als Verdikt und damit geschäftsschädigend wahrgenommen würde, was eine erfolgreiche Sanierung beeinträchtige. Mithin sollen die Möglichkeiten eines Insolvenzplans als neuer gesetzlicher Rahmen bereits in das Vorfeld einer formalen Insolvenz bei drohender Zahlungsunfähigkeit vorgezogen auswählbar werden. Eine Sanierung über einen Restrukturierungsplan wird aus kommunaler Gläubigerperspektive insbesondere auf Forderungs(teil)erlasse und Stundungen abzielen, ggf. aber auch auf die Anpassung für das schuldnerische Unternehmen nachteiliger Vertragsbedingungen. Diesem werden ferner vor allem kapitalgesellschaftsrechtliche Optionen wie zum etwaigen Kapitalschnitt mit nachfolgender Ausgabe neuer Anteile an sanierungsinteressierte Investoren eröffnet. Abgezielt wird mit den umfangreichen Möglichkeiten auf die Beseitigung der drohenden Zahlungsunfähigkeit und in der Folge auf eine entsprechende Sanierung. Über den Restrukturierungsplan ist unter gewissen Quoren seitens der Gläubiger abzustimmen, entweder außergerichtlich (organisiert durch das schuldnerische Unternehmen selbst) oder im gerichtlichen Abstimmungstermin unter Aufsicht des Restrukturierungsgerichts. Festhalten lässt sich zusammenfassend, dass damit komplexe neue Anforderungen die Verwaltung an verschiedenen Stellen beschäftigen, insbesondere aber das kommunale Kassenpersonal treffen werden, wobei sich eine Vielzahl von Anwendungsfällen gerade infolge der Coronapandemie ankündigen.

– **Eröffnungsverfahren**[355]

Das Eröffnungsverfahren wird in der Praxis auch als Antrag auf Eröffnung des Insolvenzverfahrens, als „Insolvenzantragsverfahren“ oder als vorläufiges Insolvenzverfahren bezeichnet. Dieser Zwischenschritt kommt

354 Dessen Einführung bildet den Kern des Gesetzes zur Fortentwicklung des Sanierungs- und Insolvenzrechts (Sanierungs- und Insolvenzrechtsfortentwicklungsgesetz SanInsFoG, dort Artikel 1: Gesetz über den Stabilisierungs- und Restrukturierungsrahmen für Unternehmen [Unternehmensstabilisierungs- und -restrukturierungsgesetz StaRUG]), vgl. dazu insbes. BR-Drs. 762/20 vom 17. Dezember 2020.

355 Vgl. ausführlich App/Klomfaß: Insolvenzrecht Basiswissen für Praktiker in Kreisen, Städten und Gemeinden, Rn. 278 ff.

vorwiegend zu gewerbsmäßigen Schuldnern in Betracht. So wurde bereits ein Antrag auf Eröffnung eines (meist regulären) Insolvenzverfahrens bei Gericht eingereicht. Das Gericht ist aber anhand der Aktenlage noch nicht im Bilde, ob tatsächlich ein zur Eröffnung des Insolvenzverfahrens zwingend notwendiger Insolvenzgrund wie z. B. die Überschuldung (§ 19 InsO) tatsächlich gegeben ist. Deswegen benennt es einen vorläufigen Insolvenzverwalter (§ 22 InsO), der diese Frage klären soll. Um diesem die Prüfung zu ermöglichen, spricht es gegenüber dem Schuldner ggf. Verfügungsbeschränkungen oder in Bezug auf die Gläubiger ein Vollstreckungsverbot (§ 21 Abs. 2 Satz 1 Nr. 3 InsO) aus.

– **Schutzschirmverfahren, § 270d InsO**[356]

Das Schutzschirmverfahren soll dem entsprechend antragstellenden Schuldner bei drohender Zahlungsunfähigkeit (§ 18 InsO) oder bei Überschuldung (§ 19 InsO) ermöglichen, längstens binnen dreier Monate in Eigenverwaltung (§ 270 InsO) einen Sanierungsplan zu erstellen. Während dieser Zeit wird er lediglich der Aufsicht eines vorläufigen Sachwalters unterstellt, den jedoch grundsätzlich der Schuldner vorschlägt (§ 270d Abs. 2 Satz 2 InsO). Dabei ist dem Schuldner die Verfügungsbefugnis zu belassen, auch die Anordnung eines Zustimmungsvorbehalts ist ausgeschlossen (§ 270c Abs. 3 e. c. i. V. m. § 270d InsO). Ohne weitere Voraussetzungen hat das Insolvenzgericht Vollstreckungsmaßnahmen i. S. v. § 21 Abs. 2 Satz 1 Nr. 3 InsO auf Antrag des Schuldners zu untersagen bzw. einzustellen (§ 270d Abs. 3 InsO). Seit Schaffung des Schutzschirmverfahrens 2012 sollen Schuldner zur verstärkten Vorlage von Insolvenzplänen animiert werden, über welche sich der Gesetzgeber vermehrt Sanierungen statt bloßer Abwicklung erhofft.

– **Außergerichtliche Schuldenbereinigung**

Die Schuldenbereinigungsverfahren beziehen sich auf Verbraucher (definiert in § 304 InsO). Die dahinterstehende Idee ist sinnvoll: Indem eine Einigung mit allen Gläubigern jenseits eines Insolvenzverfahrens erzielt wird, entfallen insbesondere die Kosten für das andernfalls einzuschaltende Insolvenzgericht wie für den Insolvenzverwalter, was die Befriedigungsquote für die Gläubiger spürbar im Vergleich zu einem Insolvenzverfahren erhöhen kann. Der Erfolg einer außergerichtlichen Schuldenbereinigung liegt also auch im Interesse der Gläubiger. Grundsätzlich ist es zudem natürlich immer möglich, dass sich ein momentan nicht zahlungsfähiger Schuldner und seine Gläubiger außerhalb des Gerichtes ei-

356 Vgl. dazu ausführlich App/Klomfaß: Insolvenzrecht Basiswissen für Praktiker in Kreisen, Städten und Gemeinden, Rn. 418 ff.

nigen, dass die Schuld ggf. später oder (teilweise) gar nicht mehr beglichen werden muss. Unsere Rechtsordnung sieht dafür verschiedene Möglichkeiten vor, im hier interessierenden kommunalen Kassenwesen sind Stundung und Erlass zu nennen. Im insolvenzrechtlichen Zusammenhang ergibt sich der Grund einer außergerichtlichen Schuldenbereinigung jedoch aus § 305 Abs. 1 Nr. 1 InsO. Möchte ein Schuldner ein Verbraucherinsolvenzverfahren mit dem Ziel der Restschuldbefreiung durchlaufen, muss er[357] danach den Versuch einer außergerichtlichen Schuldenbereinigung nachweisen. Seitens der Gläubiger ist regelmäßig eine Forderungsübersicht in Form der §§ 367 Abs. 1 BGB, § 305 Abs. 2 Satz 2 InsO vorzulegen. Es besteht allerdings keine Belegpflicht und kein Vollstreckungsverbot. Eine zu diesem Zeitpunkt in Kenntnis des außergerichtlichen Schuldenbereinigungsverfahrens durchgeführte Vollstreckung beendet jedoch automatisch selbiges (§ 305a InsO). Mit diesem Zwischenschritt wollte der Gesetzgeber die Insolvenzgerichte entlasten. In einem außergerichtlichen Schuldenbereinigungsplan sollen alle Forderungen einzeln aufgeführt und dann die anteilige Befriedigung der Gläubiger verbindlich mit ähnlichen Wirkungen wie bei einem Insolvenzverfahren festgelegt werden. Tatsächlich hat er wohl aber nur ein bürokratisches Monster geschaffen, da sehr häufig solche Verfahren nur „pro forma" von vorneherein ohne ernsthafte Erfolgsaussichten durchlaufen werden, weil viele Schuldner so bezeichnete „flexible Nullpläne" an die Gläubiger senden, diesen also de facto 0 Euro auf alle Forderungen anbieten (können) – was zwangsläufig bei mindestens einem Gläubiger auf Ablehnung stoßen wird. Zwar sind diese infolge der Reform von 2014 so nicht mehr praxisfähig. An der geringen Erfolgsquote hat sich aber unverändert nicht viel geändert, weshalb die außergerichtlichen Schuldenbereinigungsverfahren bei den kommunalen Kassen weiterhin überwiegend als lästige Pflicht eingestuft werden.

– **Gerichtliches Schuldenbereinigungsverfahren**

Sehr selten leitet das Insolvenzgericht ein solches Verfahren dann ein, wenn z. B. lediglich ein Gläubiger – womöglich mit geringer Forderung im Vergleich zur Gesamtverschuldung – einfach nicht reagiert oder kategorisch ohne Begründung ablehnt. Dann könnte es dessen Ablehnung sogar ersetzen (§ 309 InsO) bzw. führt hier ein Schweigen des Gläubigers ausnahmsweise einmal zu einer Zustimmung (§ 307 Abs. 2 Satz 1 InsO), auch ist ein Erlöschen der Gläubigerforderung nach § 308 Abs. 3 Satz 2

357 Unter Zuhilfenahme „geeigneter Stellen", § 305 Abs. 1 Nr. 1 Halbsatz 2 InsO, welche von den Ländern zu benennen sind, häufig z. B. bestimmte Sozialeinrichtungen, aber auch Anwälte.

InsO denkbar. Kommt es ausnahmsweise zu einem solchen gerichtlichen Schuldenbereinigungsverfahren, müssen die Gläubiger wegen dieser weitreichenden Rechtsfolgen unbedingt tätig werden, denn es drohen Eigenschäden und damit Haftungsgefahren.

– **Eröffnung des Insolvenzverfahrens**

Kommt kein Restrukturierungsplan oder keine Schuldenbereinigung zustande und hat ggf. der vorläufige Insolvenzverwalter tatsächlich einen Insolvenzgrund festgestellt, wird das eigentliche Insolvenzverfahren eröffnet. Der hierzu ergehende Eröffnungsbeschluss löst mannigfaltige Rechtsfolgen, wie ein Verfügungs- oder Vollstreckungsverbot, aus und unterscheidet maßgeblich auch die im Verfahren zu berücksichtigenden Gläubigerforderungen, worauf noch näher einzugehen sein wird.

Zum Ablauf ist zu wissen, dass im Eröffnungsbeschluss eine Anmeldefrist für Forderungen der Gläubiger benannt wird. Bis dahin müssen diese schriftlich und unter Beifügung von Nachweisen (§ 174 Abs. 1 Satz 2 InsO) ihre Forderungen zur Insolvenztabelle anmelden (erläutert in § 175 InsO). Nach der Prüfung durch den Insolvenzverwalter würden diese im Optimalfall[358] darin erfasst[359] und bilden die Grundlage für Stimmrechte oder etwaige Verteilungen, sofern Insolvenzmasse (zum Begriff siehe § 35 InsO[360]) verfügbar ist.

Das Insolvenzverfahren kann z. B. durch die **Einstellung mangels Masse** (§ 207 InsO) enden. Dies wäre der Fall, wenn nicht einmal die Verfahrenskosten gedeckt werden. In diesem Zusammenhang ist die **Anzeige der Masseunzulänglichkeit** (§ 208 InsO) zu erwähnen. Nach ihr werden nur noch die Massekosten, also grundsätzlich während des bzw. durch das Insolvenzverfahren begründete Forderungen, berücksichtigt. Mit anderen Worten: Die regulären Forderungen i. S. v. § 38 InsO (dazu später mehr) fallen vollständig aus.

Sofern jedoch (auch nur geringfügige) Insolvenzmasse vorhanden ist, kommt es zur **Schlussverteilung** an die Gläubiger (§ 196 InsO). Dies ist erst nach Abhaltung eines **Schlusstermins** (§ 197 InsO), zu welchem die Gläubigervertreter ggf. erscheinen können, möglich. Zur Verdeutlichung: Offizielle Statistiken sind nicht ersichtlich. Geschätzt wird jedoch, dass im Durchschnitt eine Quote zwischen 3-5 Prozent auf die angemeldeten Forderungen geleistet wird. Dies hebt die kassenrechtliche

358 Gesetzlicher Regelfall, siehe § 178 Abs. 1 Satz 1 InsO.

359 Die endgültige Feststellung der Forderungen erfolgt durch das Insolvenzgericht (§ 178 Abs. 2 Satz 1 InsO).

360 Salopp formuliert: Für die Verteilung an Gläubiger grundsätzlich verfügbares schuldnerisches Vermögen.

Bedeutung möglicher **Aufrechnungen**[361] bzw. die Geltendmachung von **Sicherungsrechten** hervor.

Bei Gesellschaften, also insbesondere bei Firmen in der Rechtsform der GmbH oder AG, kommt es mit der Insolvenz zur Vollbeendigung. Das bedeutet sie werden grundsätzlich aufgelöst (vgl. § 262 Abs. 1 Nr. 3, ggf. § 278 Abs. 3 AktG, § 60 Abs. 1 Nr. 4 GmbHG). Dies ist bei natürlichen Personen in der Verbraucherinsolvenz natürlich nicht möglich, daher folgt dort i. d. R. das Restschuldbefreiungsverfahren.

– **Restschuldbefreiungsverfahren (§§ 286 ff. bzw. 304 ff. InsO)**

Diese besondere Verfahrensart setzt zunächst einen Eigenantrag zur Insolvenzeröffnung des Schuldners voraus, mit welchem bereits ein Antrag auf Restschuldbefreiung einher geht (vgl. § 287 Abs. 1 Satz 1 InsO). Gemäß der Zielbestimmung des § 1 Satz 2 InsO bildet die Redlichkeit des Schuldners die Voraussetzung der Restschuldbefreiung. Wie redlich der Schuldner sich tatsächlich verhalten muss, ergibt sich aus den Versagungstatbeständen des § 290 Abs. 1 InsO und den Obliegenheiten des Schuldners nach § 295 InsO.

Beispiel:

Machte der Schuldner vorsätzliche oder grob fahrlässige **schriftliche** Falschangaben über seine wirtschaftlichen Verhältnisse zum Bezug öffentlicher Leistungen innerhalb der letzten drei Jahre vor dem Antrag auf Eröffnung des Insolvenzverfahrens, kann die Kommune einen auf § 290 Abs. 1 Nr. 2, Abs. 2 InsO gestützten Antrag auf Versagung der Restschuldbefreiung stellen. Relevant werden kann dies z. B. zu Anträgen auf Sozialleistungsbezug oder in Stundungsanträgen. Wird dem Versagungsantrag seitens des Insolvenzgerichtes entsprochen, wird er nicht von seinen Schulden befreit, die Forderungen bleiben vielmehr bestehen und bilden nun aus der Insolvenztabelle heraus die Grundlage neuerlicher Vollstreckungsversuche (siehe § 201 Abs. 2 Satz 1, Abs. 1 InsO)[362].

361 Grundsätzlich bleiben Aufrechnungen von der Insolvenz nach § 94 InsO unberührt. Erweist sich aber ein aufgerechneter Betrag als insolvenzfest, so lässt sich daraus kassenrechtlich die Pflicht zu Aufrechnung immer dann, wenn möglich, herleiten. Denn der andernfalls realisierte Forderungsausfall stellt einen ggf. die Haftung begründenden Eigenschaden aus. Hervorzuheben sind besondere Ausschlussgründe einer Aufrechnung nach § 96 InsO.

362 Für Praktiker: Beachte § 201 Abs. 2 Satz 3 InsO und die Sondervorschrift des § 251 Abs. 2 AO für Abgaben (ggf. anwendbar über § 3 Abs. 1 Nr. 6, 1. Mod. KAG).

Während des Restschuldbefreiungsverfahrens hat der Schuldner den pfändbaren Teil seines Arbeitseinkommens dem *Treuhänder* abzutreten, welcher daraus eine jährliche Verteilung an die Insolvenzgläubiger vornimmt. Der Abtretungszeitraum beträgt drei Jahre[363], berechnet ab der Eröffnung des Insolvenzverfahrens (vgl. § 287 Abs. 2 Satz 1 InsO). Liegen keine Versagungsgründe vor, wird dann abschließend nach § 300 Abs. 1 InsO durch Beschluss des Insolvenzgerichtes die Restschuldbefreiung erteilt (siehe auch § 286 InsO). Sie wirkt gegenüber allen Insolvenzgläubigern (zum Begriff siehe § 38 InsO), also auch denjenigen, die ihre Forderungen gar nicht zum Insolvenzverfahren angemeldet haben (§ 301 Abs. 1 Satz 2 InsO). Für betroffene Gläubiger bedeutet dies: Ihre Forderungen wandeln sich in eine **Naturalobligation** (auch bezeichnet als natürliche oder **unvollkommene Verbindlichkeit**). Die Forderung bleibt dann erfüllbar, ist aber nicht mehr erzwingbar[364]. Es liegt mithin ein materiell-rechtlicher Einwand vor. Faktisch führt dies zum Forderungsausfall beim Gläubiger. Während der Gläubiger also seine (Rest-)Forderungen verliert, hat der Schuldner im Optimalfall sein Ziel erreicht: er ist schuldenfrei und kann wieder unbelastet am Wirtschaftsleben teilnehmen.

10.5 Ausgewählte Rechtsfolgen eines eröffneten Insolvenzverfahrens

Es wurde bereits angedeutet, dass die Eröffnung etliche Wirkungen auslöst, von denen aus kommunaler Sicht folgende besonders hervorzuheben sind:

Zunächst geht die **Verfügungsgewalt** des Schuldners über sein zur Insolvenzmasse gehörendes Vermögen auf den Insolvenzverwalter über (**§ 80 Abs. 1 InsO**). Dies führt zu einem **Verfügungsverbot des Schuldners**. Verfügt er trotzdem über solchermaßen erfasste Vermögensgegenstände, führt dies zur **Unwirksamkeit nach § 81 InsO**. Folglich kann der Schuldner nach Insolvenzeröffnung beispielsweise nicht mehr über ein in seinem Vermögen stehendes wertvolles Gemälde dergestalt verfügen, dass er es noch schnell seiner Lieblingsnichte N schenkweise überlässt. Dieses Verbot gilt z. B. auch hinsichtlich der Annahme von Zustellungen

363 Vgl. dazu das Gesetz zur weiteren Verkürzung des Restschuldbefreiungsverfahrens und zur Anpassung pandemiebedingter Vorschriften im Gesellschafts-, Genossenschafts-, Vereins- und Stiftungsrecht sowie im Miet- und Pachtrecht, beschlossen vom Bundestag am 17. Dezember 2020 (vgl. zusammenfassend BR-Drs. 761/20).

364 Vgl. BGH, Beschluss vom 25. September 2008 – IX ZB 205/06 – Rn. 11, S. 7. Vgl. dazu ausführlich App/Klomfaß, Insolvenzrecht – Basiswissen für Praktiker in Kreisen, Städten und Gemeinden, Rn. 1134.

– gerade in Steuersachen[365]. „Verfügung" meint hier rechtsgeschäftliche Handlungen (sowohl dingliche wie schuldrechtliche) als auch nichtrechtsgeschäftliche (das sind solche Handlungen, die Rechtsfolgen ohne Abgabe einer Willenserklärung herbeiführen)[366].

Wichtig ist auch, dass Leistungen an den Schuldner nach Insolvenzeröffnung zu einer nochmaligen Zahlungspflicht an den Insolvenzverwalter führen können, vgl. § 82 InsO. Der Insolvenzverwalter hat dabei weitreichende Rechte, z. B. die Verwertung der Masse inkl. Kündigung von Verträgen, die Erfüllungsverweigerung (§ 103 InsO), er kann einen Betrieb weiterführen, verkaufen oder stilllegen, einzelne Gegenstände freigeben usw. Andererseits unterliegt er Pflichten wie ggf. einer Haftung mit seinem Privatvermögen gegenüber einzelnen Gläubigern, vgl. z. B. § 61 InsO, bei Gemeinden zusätzlich auch nach § 69 AO (ggf. in Form eines Haftungsbescheides nach § 191 Abs. 1 i. V. m. § 1 Abs. 2 Nr. 4 AO bzw. § 3 Abs. 1 Nr. 4 KAG).

Sodann gilt es (spätestens) mit der Verfahrenseröffnung das **Vollstreckungsverbot des § 89 Abs. 1 InsO** zu beachten. Wurde eine Forderung eines Gläubigers schon vor Insolvenzeröffnung begründet, darf sie nicht länger vollstreckt werden. Dem Gläubiger bleibt insofern einzig die Beteiligung am Insolvenzverfahren (siehe § 87 InsO). Eingeschränkte Ausnahmen vom Vollstreckungsgebot weist § 89 Abs. 2 InsO aus:

- Forderungen aus unerlaubten Handlungen und
- Unterhaltsforderungen,

wobei eine Pfändung allerdings auf die sog. erweitert pfändbaren Beträge zu beschränken ist[367] und verständlicherweise nur in **künftige** Forderungen auf Bezüge möglich bleibt.

Zu erläutern ist kurz der Begriff der **Insolvenzmasse**. Gesetzlich definiert in § 35 Abs. 1 InsO, erfasst sie das gesamte Vermögen, das dem Schuldner zur Zeit der Eröffnung des Verfahrens gehört und das er während des Verfahrens erlangt. Nicht dazu gehören solche Gegenstände, die nicht der Zwangsvollstreckung unterliegen (§ 36 Abs. 1 Satz 1 InsO). Die be-

365 Ggf. müssen Abgabenbescheide an den Insolvenzverwalter adressiert werden.

366 Vgl. Fachverband der Kommunalkassenverwalter (Hg.), Handbuch für das Verwaltungszwangsverfahren, Kapitel 7, S. 46 f.

367 Das sind solche, bei denen die §§ 850d und 850f Abs. 2 ZPO die Pfändbarkeit von Arbeitseinkommen und gleichgestellten Forderungen gegenüber den Pfändungsgrenzen nach § 850c ZPO erweitern, vgl. insbes. auch zu den Bußgeldern App/Wettlaufer/Klomfaß, Verwaltungsvollstreckungsrecht, Kapitel 11, Rn. 17 ff.; ebd., Kapitel 25, Rn. 36 (zur Frage der landesrechtlichen Regelungsbefugnis); ebd., Rn. 38 mit Schaubild zu einer konkreten Lohn- bzw. Gehaltsabrechnung; ebd., Rn. 570 (konkret zu Bußgeldern) sowie Rn. 581 ff. (ebenfalls mit Schaubild).

deutsame Größe ist somit das **Arbeitseinkommen** oberhalb der Pfändungsfreigrenzen, welches der Schuldner während des Insolvenzverfahrens erzielt. Der für einen gewöhnlichen Gläubiger ansonsten pfändbare Teil des Arbeitseinkommens nach § 850c ZPO (anwendbar über §§ 36 Abs. 1 Sätze 2 und 4 InsO) ist vom Insolvenzverwalter zur Insolvenzmasse zu vereinnahmen[368]. Insolvenzfrei ist damit nur der unpfändbare Teil des Arbeitseinkommens.

Insbesondere für die seitens der Kommune vorzunehmende Anmeldung von Forderungen zur Insolvenztabelle ist die Einteilung der Forderungen entscheidend. Ausgegangen wird von den **nicht nachrangigen Insolvenzforderungen nach § 38 InsO** (Regelfall). Sie sind gemeint, wenn allgemein von Insolvenzforderungen gesprochen wird. Darunter fallen solche persönlichen Forderungen, die einen bereits zur Zeit der Insolvenzeröffnung *begründeten* Vermögensanspruch gegen den Schuldner gewähren. Trifft dies zu, handelt es sich um Insolvenzforderungen, welche grundsätzlich zur Insolvenztabelle anzumelden sind. Sofern sie jedoch erst nach Insolvenzeröffnung entstehen, handelt es sich um sog. Neuforderungen bzw. -verbindlichkeiten, je nach Betrachtungswinkel. Solche wären in der Insolvenz grundsätzlich nicht zu berücksichtigen.

Beispiel:

Hat Kommune K bereits vor Insolvenzeröffnung an Schuldner S Leistungen wie die Zulassung zur kommunalen Musikschule erbracht, stellt der Gebührenanspruch eine Insolvenzforderung dar, welche von K zum Insolvenzverfahren anzumelden wäre. Hat sie – z. B. in Unkenntnis der Insolvenz – den S nach Insolvenzeröffnung zur Musikschule zugelassen, stellt der sich daraus ergebende Gebührenanspruch eine Neuforderung dar, welche nicht vom Insolvenzverfahren erfasst und grundsätzlich von S aus dem ihm überlassenen pfändungsfreien Teil zu entrichten wäre. In beiden Fällen könnte sie sich solchen Prüf- und nachfolgenden Bearbeitungsaufwand sparen, wenn Vorkasse verlangt würde.

Insolvenzforderungen sind nach Haupt- und Nebenforderung (z. B. Zinsen, Säumniszuschläge, Mahn- oder Vollstreckungskosten, Portoauslagen usw.) gegliedert anzumelden. Die Unterscheidung nach öffentlich-rechtlichen oder zivilrechtlichen Ansprüchen ist irrelevant. Dem Grunde

368 Beachte z. B. die Antragsmöglichkeit nach § 850c Abs. 4 ZPO, wenn ein (vermeintlich) Unterhaltsberechtigter eigenes Einkommen erzielt sowie ggf. Erhöhung des unpfändbaren Betrags nach § 850f Abs. 1 ZPO (Entscheidung des Insolvenzgerichts nach Antrag des Insolvenzverwalters notwendig, § 36 Abs. 4 Satz 1 InsO).

nach ist unerheblich, ob bereits ein Vollstreckungstitel erwirkt wurde[369]. Hat eine Forderung mehrere Schuldner, kann zu jedem Insolvenzverfahren der vollständige Betrag angemeldet werden (vgl. § 43 InsO). Erwähnenswert ist die ggf. **abgesonderte Befriedigung nach § 49 Abs. 1 InsO**. Hierunter fällt bei Kommunen insbesondere die öffentliche Grundstückslast in Form der Grundsteuer (§ 12 GrStG). So wird der persönliche Anspruch auf Entrichtung der Grundsteuer als Insolvenzforderung zur Insolvenztabelle angemeldet, allerdings für den Ausfall (§ 52 InsO). Sie kann nämlich aus dem dinglichen Recht, also der öffentlichen Grundstückslast, weiterhin ggf. die Immobiliarvollstreckung betreiben (vgl. § 89 Abs. 1 InsO[370]).

Abzugrenzen sind von diesen „regulären" Insolvenzforderungen die **nachrangigen Insolvenzforderungen gem. § 39 InsO**[371] (Ausnahme). Deren Anmeldung ist nur möglich, wenn dies im Insolvenzbeschluss ausdrücklich zugelassen wurde (§ 174 Abs. 3 Satz 1 InsO). Aus dem kommunalen Bereich unterfallen diesen z. B. nach Nr. 1 die weiterlaufenden Säumniszuschläge, nach Nr. 3 Geldbußen, Ordnungsgelder oder Zwangsgelder. Letztgenannte werden von etwaiger Restschuldbefreiung nicht berührt (vgl. § 302 Nr. 2 InsO).

Beispiel:

Schuldner S hatte eine Bank überfallen. Dadurch wurde er z. B. wegen Diebstahls nach § 242 Abs. 1 StGB bestraft und eine Geldstrafe von angenommen 2.000 Euro festgesetzt. Gäbe es § 302 Nr. 2 InsO nicht und durchliefe S ein Verbraucherinsolvenz- mit nachfolgendem Restschuldbefreiungsverfahren, käme es zu dem merkwürdigen Ergebnis, dass auch die staatlich verhängte Geldstrafe als Geldzahlungsanspruch wegfiele. S könnte dadurch letztlich einer Bestrafung entgehen.

Eine Sonderstellung gerade auch bei kommunalen Ansprüchen stellen die sog. **Masseverbindlichkeiten** nach §§ 53 ff., insbesondere § 55 Abs. 1 InsO dar. Solche Forderungen entstehen mit der oder durch die Verfahrenseröffnung. Sie sind vollständig zu bedienen, bevor etwa vorhandene

369 Dieser hat gleichwohl Auswirkungen im Hinblick auf die Feststellung zur Insolvenztabelle wie insbesondere für dann wieder mögliche Vollstreckungsmaßnahmen, wenn das Insolvenzverfahren (ohne Restschuldbefreiung) abgebrochen bzw. beendet wird.

370 Das dortige Vollstreckungsverbot erfasst den Insolvenzgläubiger, welcher nach § 38 InsO ein persönlicher Gläubiger ist. Hier geht es aber um Vollstreckungsmaßnahmen eines dinglichen Gläubigers. Dies bestärkt die Verwertungsregel des § 165 InsO, wonach auch der Insolvenzverwalter die Zwangsversteigerung bzw. -verwaltung betreiben kann.

371 § 39 Abs. 1 InsO gibt eine evtl. für die Verteilung beachtliche Rangfolge vor.

Insolvenzmasse auf die „regulären" Insolvenzforderungen nach § 38 InsO verteilt werden darf.

Beispiel:

Kommune K erhebt vom schuldnerischen Betrieb S Gebühren für den Wasserbezug. Der bis zur Eröffnung des Insolvenzverfahrens begründete Gebührenanspruch stellt eine Insolvenzforderung nach § 38 InsO dar. Sie würde bei Verteilungen quotal berücksichtigt, z. B. würden also 10 Prozent für diese Insolvenzforderung seitens des Insolvenzverwalters ausgeschüttet. Sieht der Insolvenzverwalter jedoch die Chance, ggf. den Betrieb S gewinnbringend z. B. an ein Konkurrenzunternehmen zu veräußern, wird er diesen vorläufig fortführen. Durch diese Fortführung wird aber auch weiterhin Wasser aktiv bezogen – damit einher gehen neue Gebührenansprüche. Die ab Insolvenzeröffnung durch Fortführung seitens des Insolvenzverwalters veranlassten Gebühren stellen mithin Masseforderungen i. S. v. § 55 Abs. 1 Nr. 1, 1. Mod. InsO dar. Das bedeutet: Sie sind grundsätzlich vollständig zu bedienen, andernfalls wäre ggf. das Insolvenzverfahren mangels Masse nach § 207 InsO einzustellen. Für die Kommune K ist es mithin ein großer Unterschied, ob ihre Gebührenansprüche Insolvenz- oder Masseforderungen darstellen[372].

Merke: Nur die angemeldeten Forderungen führen zu einer **Hemmung** nach § 204 Abs. 1 Nr. 10 BGB bzw. **Unterbrechung** bei Abgaben nach § 231 Abs. 1 Satz 1 AO der Verjährungsfristen und **Aufnahme in die Insolvenztabelle** (vgl. § 178 Abs. 2 InsO, zur **Titulierungswirkung** vgl. Abs. 3), damit zu einer Berücksichtigung im Schlussverzeichnis des Verteilungsverzeichnisses[373], aus dem einzig Zahlungen geleistet werden dürfen. Die Restschuldbefreiung wirkt gegenüber allen Gläubigern, also auch solchen, die ihre Forderungen nicht zum Insolvenzverfahren angemeldet haben (vgl. § 301 Abs. 1 Satz 2 InsO). Aus § 87 InsO ergibt sich, dass Forderungen nach eröffneter Insolvenz nur noch nach Insolvenzregeln verfolgt werden dürfen. Deshalb, sowie aus dem andernfalls möglichem doppeltem Titelerwerb (vgl. § 178 Abs. 3 InsO), ist es insbesondere

372 Zu aktiv seitens des Insolvenzverwalters auch nach Eröffnung des Insolvenzverfahrens weiter in Anspruch genommene (ggf. synallagmatische) Leistungen wie hier konkret zum Wasserbezug schließen sich weitergehende Folgefragen an, vgl. dazu Klomfaß, Die Belieferung nach Insolvenzreife – gesetzliche Schadenersatzanspruchsgrundlagen im Fokus, in: KKZ 2017, 9 ff.

373 Vgl. §§ 196, 188 InsO.

erforderlich, bereits erlangte **Vollstreckungstitel** dem Insolvenzgericht[374] vorzulegen, damit diese entwertet werden können. Denn legt ein Gläubiger ein (rechtskräftiges) Urteil über seine Forderung nicht vor, gilt diese im Hinblick auf die Forderungsprüfung als nicht tituliert.

Abschließend: Insolvenzrecht ist komplex, dafür aber äußerst lehrreich.

Beispiel zum Insolvenzrecht

Sachverhalt:

Schuldner S hat zwei kleine Kinder, denen gegenüber er unterhaltsverpflichtet ist. Schon in der Vergangenheit konnte er aufgrund seines stets eingeschränkten finanziellen Spielraums aber nicht für deren Unterhalt aufkommen. Daher musste das Jugendamt der Kommune K schon in der Vergangenheit mehrfach Unterhaltsaufwendungen anstelle des S für den Lebensunterhalt der beiden kleinen Kinder leisten. Um mittelfristig eine Besserung seiner wirtschaftlichen Lage erreichen zu können, hat S zwischenzeitlich nach ordnungsgemäßer Beratung ein Insolvenzverfahren über sein eigenes Vermögen mit dem Ziel der Restschuldbefreiung beantragt. Das zuständige Insolvenzgericht hat vergangenen Monat bereits das Insolvenzverfahren eröffnet. Ohne von diesen Vorgängen zu wissen, wurden seitens des Jugendamtes der Kommune K völlig korrekt auch danach weiterhin für bzw. anstelle von S entsprechende Unterhaltsleistungen erbracht.

Sachbearbeiter I. D. Fix der Kommune K fragt sich, wie mit den Rückforderungsansprüchen der Kommune K in Bezug auf die für S geleisteten Beträge nun umzugehen ist. Können diese insbesondere noch vollstreckt werden? Beraten Sie ihn anhand der vorstehenden Ausführungen.

Lösungsvorschlag:

Bezüglich der Einteilung der Forderungen ist nach eröffnetem Insolvenzverfahren zu differenzieren:

Die bis zur Eröffnung begründeten „Altforderungen" stellen Insolvenzforderungen i. S. v. § 38 InsO dar. Sie wären von Kommune K zur Insolvenztabelle anzumelden und werden im Falle entsprechender Feststellung durch das Insolvenzgericht allenfalls quotal befriedigt. Sollten diese Ansprüche – dazu macht der Sachverhalt keine Anga-

374 Sinnvollerweise ggf. bereits im Rahmen der Forderungsanmeldung über den Insolvenzverwalter, spätestens jedenfalls zum Schlusstermin.

ben – zu verzinsen sein, würden die ab Insolvenzeröffnung laufenden Zinsen sog. nachrangige Insolvenzforderungen i. S. v. § 39 Abs. 1 Nr. 1 InsO darstellen, welche nur im Falle gesonderter Aufforderung durch das Insolvenzgericht anzumelden wären, in aller Regel also nicht am Insolvenzverfahren teilnehmen und nicht bedient werden.

Für die ab Insolvenzeröffnung begründeten Forderungen ist Kommune K sog. Neugläubigerin, es handelt sich um „Neuforderungen", die nicht am Insolvenzverfahren teilnehmen[375]. Diese Forderungen wären dem Grunde nach weiterhin von S (und nicht seitens des Insolvenzverwalters für die Insolvenzmasse) zu entrichten.

In Bezug auf eine geplante Vollstreckung muss bei eröffneter Insolvenz das Vollstreckungsverbot nach § 89 Abs. 1 InsO beachtet werden. Dies betrifft zunächst die genannten Insolvenzforderungen, die nach § 87 InsO einzig mittels einer Teilnahme am Insolvenzverfahren weiter verfolgt werden können. Die Neuforderungen ab Insolvenzeröffnung unterfallen, dem Wortlaut des § 89 Abs. 1 InsO folgend, nicht dem Vollstreckungsverbot. Allerdings ist zu berücksichtigen, dass die Insolvenzmasse nach § 35 Abs. 1 InsO grundsätzlich das gesamte Vermögen des Schuldners S inkl. des sog. Neuerwerbs umfasst und mithin nur nicht pfändbares Vermögen bzw. Forderungen verbleiben. § 89 ABs. 2 Satz 1 InsO spricht daher auch für sog. Neugläubiger ein Vollstreckungsverbot aus. Eine Vollstreckung der Neuforderungen ist damit grundsätzlich ebenfalls ausgeschlossen.

Gerade zu Unterhaltsforderungen gibt es jedoch die Ausnahme nach § 89 Abs. 2 Satz 2 InsO. Für laufende Unterhaltsforderungen kann demnach in den sog. erweitert pfändbaren Teil der Bezüge nach § 850d ZPO gepfändet werden. Ob und falls ja wie dies infrage kommt[376], kann anhand der dazu fehlenden Detailinformationen zu Schuldner S nicht beantwortet werden. Insofern müsste I. D. Fix weitere Daten anfordern.

Exkurs zu Lehrzwecken: Nicht im Sachverhalt erwähnt und daher ggf. ebenfalls von I. D. Fix zu klären wäre, ob S ausnahmsweise ggf. vorsätzlich gegen seine Unterhaltsverpflichtungen verstoßen hätte. Dann wäre denkbar, dass dieser sich sogar nach § 170 Abs. 1 StGB strafbar machte mit der weiteren Folge, dass ein Anspruch aus unerlaubter Handlung nach § 823 Abs. 2 BGB i. V. m. § 170 StGB infrage käme. Konsequenz:

375 Vgl. zur vertiefenden Unterscheidung zwischen Insolvenzforderungen und Neuforderungen in Bezug auf Unterhaltsansprüche klarstellend BAG, Urteil vom 17. September 2009 – 6 AZR 369/08 – FamRZ 2009, 2084 ff.

376 Vgl. weiterführend Hauß, FamRZ 2006, 1496 ff.

Forderungen aus vorsätzlicher unerlaubter Handlung sind von einer Restschuldbefreiung ausgenommen, § 302 Nr. 1 InsO[377] (ergänzend seit der 2014er-Reform auch nochmals zusätzlich über den Wortlaut dieser Vorschrift: „aus rückständigem gesetzlichen Unterhalt, den der Schuldner *vorsätzlich* pflichtwidrig nicht gewährt hat") – S müsste in diesem Falle letztlich auch die „Altverbindlichkeiten" entrichten.

377 Für Experten vgl. hierzu vertiefend BGH, Beschluss vom 11. Mai 2010 – IX ZB 163/09.

Literaturverzeichnis

App, Michael/Klomfaß, Ralf: Insolvenzrecht – Basiswissen für Praktiker in Kreisen, Städten und Gemeinden, Siegburg, 2. Auflage 2014.

App, Michael/Wettlaufer, Arno/Klomfaß, Ralf: Verwaltungsvollstreckungsrecht, Köln, 6. Auflage 2018.

Beck, Benjamin: Bitcoins als Geld im Rechtssinne, in: NJW 2015, 580 ff.

Birk, Dieter: Steuerrecht, Heidelberg, 23. Auflage 2020.

Boie, Johannes: Nur Bares war Wahres, in: Süddeutsche Zeitung Nr. 121 vom 29. Mai 2015, S. 11.

Börner, Christoph J./Buschgen, Hans Egon: Bankbetriebslehre, Mannheim/Tübingen, 4. Auflage 2003.

Brox, Hans/Walker, Wolf-Dietrich: Allgemeines Schuldrecht, München, 43. Auflage 2019.

Brox, Hans/Walker, Wolf-Dietrich: Besonderes Schuldrecht, München, 43. Auflage 2019.

Deubel, Ingolf/Keilmann, Ulrich: Der rheinland-pfälzische Weg der betriebswirtschaftlichen Ausrichtung der Landesverwaltung, in: VM 2005, 236 ff.

Dirnberger, Frank/Henneke, Hans-Günter u. a. (Hg.): Praxis der Kommunalverwaltung Rheinland-Pfalz, Gemeindeordnung (GemO), Digitalausgabe, 10. Fsg. 2019.

Dohms, Heinz-Roger/Freiberger, Harald/Schreiber, Meike: Niedrigzinsen machen erfinderisch, in: SZ Nr. 132 vom 10. Juni 2016, S. 21.

Dornis, Valentin: Kasse machen, in: Süddeutsche Zeitung Nr. 286 vom 10. Dezember 2016, S. 31.

Eichelberger, Erika: Your Facebook Friends Could Soon Prevent You From Getting a Loan via www.motherjones.com vom 27. August 2013.

Fachverband der Kommunalkassenverwalter (Hg.): Handbuch für das Kassen- und Rechnungswesen (Loseblattwerk), Siegburg, Digitalausgabe, Stand Juni 2018.

Fachverband der Kommunalkassenverwalter (Hg.): Handbuch für das Verwaltungszwangsverfahren (Loseblattwerk), Siegburg, Digitalausgabe, Stand April 2019.

Fachverband der Kommunalkassenverwalter (Hg.): Wissenschaftliches Gutachten betreffend die Bewertung der Einbeziehung von privaten Inkassounternehmen als Verwaltungshelfer in der Vollstreckung öffentlich-rechtlicher Geldforderungen der Kommune vom 2. Januar 2019 (ausgearbeitet von Prof. Dr. Ziekow, Universität Speyer).

Gojdka, Victor: Kryptisches Staatsgeld, in: Süddeutsche Zeitung Nr. 23 vom 29. Januar 2018, S. 22.

Gogger, Martin/Fuhst, Christian: Insolvenzgläubiger-Handbuch, 4. Aufl. 2020.

Groth, Alexandra: Rüsselsheim droht Zahlungsunfähigkeit, in: Mainzer Allgemeine Zeitung vom 15. Dezember 1017, S. 1.

Hahn, Hugo/Häde, Ulrich: Währungsrecht, München, 2. Auflage 2010.

Heuser, Torsten: Landesverwaltungsvollstreckungsgesetz Rheinland-Pfalz – Kommentar für die Praxis, Siegburg, 4. Auflage 2016.

Huber, Joseph: Monetäre Modernisierung – Zur Zukunft der Geldforderung, Vollgeld und Monetative, Marburg, 3. Auflage 2012.

Hufen, Friedhelm: Verwaltungsprozessrecht, München, 11. Auflage 2019.

Jakob, Wolfgang: Abgabenordnung, München, 5. Auflage 2010.

Kläsgen, Michael: „Haben Sie eine Kundenkarte?" – So sieht die Zukunft des Bezahlens aus, in: Süddeutsche Zeitung Nr. 286 vom 10. Dezember 2016, S. 31.

Klewitz-Hommelsen, Sayeed/Bonin, Hinrich (Hg.): Die Zeit nach dem E-Government, Münster, 1. Auflage 2005.

Klomfaß, Ralf: Basale Stimulation – Umgang mit kommunalen Forderungen im Insolvenzverfahren, in: KKZ 2018, 97 ff. (Teil I) bzw. 123 ff. (Teil II).

Klomfaß, Ralf: Buchbesprechung Joseph Huber: Monetäre Modernisierung – Zur Zukunft der Geldforderung, Vollgeld und Monetative, in: KKZ 2013, 239 f.

Klomfaß, Ralf: Die Belieferung nach Insolvenzreife – gesetzliche Schadenersatzanspruchsgrundlagen im Fokus, in: KKZ 2017, 9 ff.

Klomfaß, Ralf: Die notwendige Renaissance der Aussetzung von Pfändungsmaßnahmen – Zur Ver- und Entstrickung am Beispiel des Pfändungsschutzkontos, in: NJOZ 2018, 481 ff.

Klomfaß, Ralf: Die Wahrnehmung kommunaler Kassengeschäfte im Rahmen eines globalen Liquiditätsmanagements, in: VR 2017, 189 ff.

Klomfaß, Ralf: Elimination von Bundesländern, in: DVP 2010, 467 ff.

Klomfaß, Ralf: Erwartete Änderungen der Insolvenzordnung – vorinsolvenzlich verpflichtende Sanierungsverfahren, in: KKZ 2019, 121 ff.

Klomfaß, Ralf: Kassenprüfungen – Anknüpfungspunkte und Regelungen, in: KKZ 2019, 150 ff.

Klomfaß, Ralf: OSS – sicher, effizient, nachhaltig, in: kes 2019, 34 ff.

Klomfaß, Ralf: Praktischer Fall zum Kassenwesen, in: KKZ 2016, 152 ff.

Klomfaß, Ralf: Stellt die Mahnung einen Verwaltungsakt dar?, in: KKZ 2019, 105 ff.

Klomfaß, Ralf: Und er ist es doch – Zum Kassenverwalter als Leiter der kommunalen Vollstreckungsbehörde, in: KKZ 2012, 154 ff.

Klomfaß, Ralf: Urlaubsrückstellungen – Duplik auf die Replik von Prof. Dr. Martin Richter, in: GdeHh 2019, 43 ff.

Klomfaß, Ralf: Zur Verwaltungsvollstreckung zugelassene Forderungen – Der Rechtspfleger im Abseits, in: NJOZ 2016, 121 ff.

Klomfaß, Ralf: Zur Sinnhaftigkeit der Bildung von Urlaubsrückstellungen, in: GdeHh 2018, 187 ff.

Klomfaß, Ralf: Zur Vornahme von Verrechnungen – Die Kassenführung bei Eigenbetrieben oder Zweckverbänden, in: KKZ 2017, 4 ff. (Teil I) bzw. 30 ff. (Teil II).

Kuhr, Daniela: Die unsichtbare Dritte, in: SZ Nr. 165 vom 21. Juli 2014, S. 17.

Levermann, Diana: Fachverband veröffentlicht bundesweite Studie um „Liquiditätsmanagement in Kommunen", in: KKZ 2015, 97 ff.

Maurer, Hartmut/Waldhoff, Christian: Allgemeines Verwaltungsrecht, München, 19. Auflage 2017.

Meier, Patrick: Der Leistungs- und der Erfüllungsort der Geldschuld, in: JuS 2018, 940 ff.

Mühlenkamp, Holger/Glöckner, Andreas: Rechtsvergleich Doppik – Eine Synopse und Analyse ausgewählter Themenfelder des neuen, doppischen kommunalen Haushaltsrechts der Bundesländer (Speyerer Forschungsbericht 260), Speyer, 1. Auflage 2009 (Nachdruck 2010).

Mühlenkamp, Holger/Sossong, Peter: Generationengerechtigkeit durch GoB-basierte Jahresabschlüsse staatlicher Gebietskörperschaften?, in: Speyerer Arbeitshefte 219, Speyer 2015.

Neidhart, Christoph: 400 Millionen Euro, einfach weg, in: Süddeutsche Zeitung Nr. 23 vom 29. Januar 2018, S. 22.

Nellessen, Monika: Nun ermittelt auch der Staatsanwalt, in: Mainzer Allgemeine Zeitung vom 24. Februar 2012, S. 9.

Olfert, Klaus: Investition, Ludwigshafen, 14. Auflage 2019.

Omlor, Sebastian: Aktuelles Gesetzgebungsvorhaben – Umsetzung der zweiten Zahlungsdiensterichtlinie, in: JuS 2017, 626 ff.

Omlor, Sebastian: Digitaler Zahlungsverkehr, in: JuS 2019, 289 ff.

Omlor, Sebastian: Geldprivatrecht, Tübingen, 1. Auflage 2014.

Rau, Thomas: Betriebswirtschaftslehre für Städte und Gemeinden – Strategie, Personal, Organisation, München, 1. Auflage 1994 (Anm.: In der aktuell 2. Ausgabe von 2007 wurden alle Themen zum kommunalen Rechnungswesen für ein späteres gesondertes Werk ausgenommen).

Rechnungshof Rheinland-Pfalz: Kommunalbericht 2015 (abrufbar unter https://rechnungshof.rlp.de/de/veroeffentlichungen/kommunalberichte).

Retzlaff, Björn: Kein Anerkenntnis durch Aufrechnung, in: NJW 2013, 2845 ff.

Säcker, Jürgen/Rixecker, Roland/Oetker, Hartmut/Limperg, Bettina (Hg): Münchener Kommentar zum Bürgerlichen Gesetzbuch, Band 2, München, 8. Auflage 2019 *(zitiert als: Bearbeiter, in: MüKo-BGB, § Rn.)*.

Scheibelhuber, Oda: Die Stellung der Gemeindekasse in der Organisation der Gemeindeverwaltung, in: KKZ 1983, 2 ff.

Schlecht, Florian: Skandal erschüttert Eifelkreis Bitburg-Prüm – Mitarbeiter soll 1,5 Millionen Euro veruntreut haben, in: Trierischer Volksfreund, Onlineausgabe vom 23. Juli 2018.

Schmid, Hansdieter: Geldanlagen der Kommunen, in: KKZ 2008, 29 ff.

Schmidt, Achim: Muster-Dienstanweisung für die Gemeindekasse der Gemeinde/der Stadt/der Verbandsgemeinde/des Landkreises/des Bezirksverbandes Pfalz/des Zweckverbandes vom 10. April 2009, als Mitglied des Landesverbands Rheinland-Pfalz des Fachverbandes der Kommunalkassenverwalter e. V. zu beziehen unter www.kassenverwalter.de *(zitiert als: Schmidt, Achim: DA für die Gemeindekasse)*.

Schumacher, Paul (Hg.): Kommunalverfassungsrecht des Landes Brandenburg, 41. Auflage 2019.

Schuster, Falko: Die Organisation der Finanzbuchhaltung im NKF unter Einbeziehung der Gemeindekasse, in: KKZ 2008, 1 ff. und 25 ff.

Schwarting, Gunnar: Der kommunale Haushalt, Berlin, 4. Auflage 2010.

Staudinger, Julius von (Begr.): J. von Staudingers Kommentar zum Bürgerlichen Gesetzbuch: Staudinger BGB -Buch 2: Recht der Schuldverhältnisse: §§ 244-248 (Geldrecht), München, 1. Auflage 2016.

Stöber, Kurt: Forderungspfändung, Bielefeld, 17. Auflage 2020.

Stubenrauch, Hubert (Hg): Praxis der Kommunalverwaltung, Landesausgabe Rheinland-Pfalz (Loseblattausgabe), Kommentar zur GemKVO, Wiesbaden.

Sturme, Rolf: Erfordernis und Bedeutung von örtlichen Vorschriften des Kassenrechts nach den neuen länderrechtlichen Rechtsvorschriften der Gemeindehaushaltsverordnungen NKF –Teil I, in: KKZ 2008, 241 ff.

Tanriverdi, Hakan: NSA hat wohl Zugriff auf Geldverkehr, in: Süddeutsche Zeitung Nr. 89 vom 18. April 2017, S. 20.

Timmler, Vivien: Reicher Staat, arme Stadt, in: Süddeutsche Zeitung Nr. 183 vom 10. August 2017, S. 20.

Tucholsky, Kurt: Kurzer Abriß der Nationalökonomie, in: „Die Weltbühne“,15. September 1931, S. 393.

Uhlenbruck, Wilhelm (Begr.): Insolvenzordnung (Kommentar), Band I, München, 15. Auflage 2019.

Weber, Gisela: Intergenerative Gerechtigkeit mit dem Ressourcenverbrauchskonzept – Auswirkungen der Umstellung auf Doppik in der kommunalen Praxis (Diplomarbeit), München,1. Auflage 2008.

Wilhelm, Jan: Kapitalgesellschaftsrecht, Berlin, 4. Auflage 2018.

Wischmeyer, Nils: Heimzahlen, in: Süddeutsche Zeitung Nr. 203 vom 3. September 2019, S. 20.

Wischmeyer, Nils: So schnell wie eine E-Mail, in: Süddeutsche Zeitung Nr. 230 vom 5. Oktober 2016, S. 17.

Wöhe, Günter: Einführung in die Allgemeine Betriebswirtschaftslehre, München, 26. Auflage 2016.

Zimmermann, Günter: Zum Antrag auf Löschung einer schuldnerischen Gesellschaft im Handelsregister als rückstandsunterbindende Maßnahme der Kommune, in: KKZ 2011, 25 ff.

Verzeichnis der Schaubilder

Glossar

Allgemeine Zahlungsanordnung

Gegenüber der (regulären) Zahlungsanordnung wird aus Vereinfachungsgründen auf bestimmte Inhalte verzichtet (auch bekannt als „abgekürzte" Kassenanordnung).

Anordnungsbefugnis

Sie beschreibt die Kompetenz einer Person, die Gemeindekasse aufgrund der Aufgabenzuweisung durch den Bürgermeister bzw. Landrat (mit besonderer Ermächtigung) zur Vornahme bestimmter Maßnahmen anzuweisen.

Anordnungsverbot

Bedienstete der Gemeindekasse dürfen keine Kassenanordnungen erteilen (§ 106 Abs. 5 GemO). Ebenso wenig der Leiter und die Prüfer des Rechnungsprüfungsamtes (§ 111 Abs. 6 GemO).

Anordnungszwang

Zahlungen dürfen grundsätzlich nur aufgrund schriftlicher Anordnungen empfangen oder geleistet werden. Auch andere Maßnahmen, wie die Annahme von Gegenständen zur Verwahrung, werden nur auf (formale) Anordnung hin von der Gemeindekasse ausgeführt.

Anstalt des öffentlichen Rechts

Eigenständige juristische Personen mit Rechnungsführung nach Regeln der kaufmännischen doppelten Buchführung (§ 34 EigAnVO).

Aufwand

Jeder Werteverzehr eines Betriebes (an Gütern und Diensten) einer Abrechnungsperiode.

Barzahlung

Übergabe oder Übersendung von Bargeld sowie die Übergabe von Schecks.

Billigkeitsmaßnahmen

Stundung, Niederschlagung, Erlass (vgl. z. B. § 23 GemHVO).

Buchungsanordnungen

Schriftliche Anordnung, solche Buchungen vorzunehmen, die das Ergebnis in den Büchern ändern und die sich nicht in Verbindung mit einer Zahlung ergeben.

Dienstanweisung

Örtliche Regelung zur Anwendbarkeit oder Auslegbarkeit vorrangiger Rechtsvorschriften des Dienstvorgesetzten.

Drei-Komponenten-System

Zusammenfassung der Ergebnisrechnung mit Ertrags- und Aufwandskonten, der Finanzrechnung mit Einzahlungen und Auszahlungen und der Bilanz mit Vermögens- und Schuldenrechnung.

Duldungsschuldner

Er ist verpflichtet, die Verbindlichkeiten (ggf. eines anderen) aus den Mitteln, die seiner Verwaltung unterliegen, zu entrichten und wegen dieser Verbindlichkeiten die Vollstreckung in diese Vermögenswerte zu dulden.

Eigenbetrieb

Wirtschaftlich eigenständiges gemeindliches Sondervermögen ohne eigene Rechtsfähigkeit (§ 80 Abs. 1 Nr. 3 GemO); führt Sonderkasse nach § 82 Satz 1 GemO.

Ein-/Auslieferungsanordnungen

Schriftliche Anordnung, Wertgegenstände zur Verwahrung anzunehmen oder auszuliefern und die damit verbundenen Buchungen vorzunehmen.

Ertrag

Alle Wertzuflüsse eines Betriebs (die das Eigenkapital erhöhen) einer Abrechnungsperiode.

Feststellung (sachliche/rechnerische)

Der Bestätigende trägt die Verantwortung dafür, dass die Kassenanordnung richtig ist, Abschlags- bzw. Vorauszahlungen berücksichtigt wurden, insbesondere der Wirtschaftlichkeitsgrundsatz gewahrt ist und Haushaltsmittel verfügbar sind.

Finanzmittel

Bargeld, Schecks und (kurzfristige) Guthaben auf den Girokonten ohne Geldanlagen.

fremde Kassengeschäfte

Zu erledigende Kassengeschäfte für andere Gemeinden, angeschlossene Zweckverbände oder Eigenbetriebe.

Geldanlagen

Finanzmittel (oder Rücklagenbeträge), die mittel- bis längerfristig nicht für die Aufrechterhaltung der Zahlungsbereitschaft benötigt werden (insbesondere „Festgelder").

Gemeindeprüfungsamt

Durchführung überörtlicher Prüfungen im staatlichen Auftrag (§ 110 Abs. 5 Satz 3 GemO).

Grundsatz der Einheitskasse

Einzig die Gemeindekasse ist für die Erledigung von Kassengeschäften zuständig (§ 106 Abs. 1 GemO).

Grundsätze ordnungsgemäßer Buchführung (GOB)

Ungeschriebenes Recht, entwickelt aus Handelsbräuchen von Kaufleuten mit der Leitmaxime in § 238 Abs. 1 Satz 2 HGB (modifiziert für Gemeinden in § 28 Abs. 1 GemHVO).

Grundsätze zur ordnungsmäßigen Führung und Aufbewahrung von Büchern, Aufzeichnungen und Unterlagen in elektronischer Form sowie zum Datenzugriff (GoBD)

Sicherstellung, insbesondere dass

1. nur dokumentierte, freigegebene und gültige Programme verwendet werden,

2. die Daten vollständig und richtig erfasst, eingegeben, verarbeitet und ausgegeben werden,
3. nachvollziehbar dokumentiert ist, wer wann welche Daten eingegeben oder verändert hat,
4. in das automatisierte Verfahren nicht unbefugt eingegriffen werden kann,
5. die gespeicherten Daten nicht verloren gehen und nicht unbefugt verändert werden können,
6. die gespeicherten Daten bis zum Ablauf der Aufbewahrungsfristen der Bücher jederzeit in angemessener Frist lesbar und maschinell auswertbar sind,
7. Berichtigungen der Bücher protokolliert und die Protokolle wie Belege aufbewahrt werden,
8. elektronische Signaturen mindestens bis zum Ablauf der Aufbewahrungsfristen der Bücher nachprüfbar sind,
9. die Unterlagen, die für den Nachweis der richtigen und vollständigen Ermittlung der Ansprüche und Zahlungsverpflichtungen sowie für die ordnungsgemäße Abwicklung der Buchführung und des Zahlungsverkehrs erforderlich sind, einschließlich eines Verzeichnisses über den Aufbau der Datensätze und die Dokumentation der eingesetzten Programme und Verfahren bis zum Ablauf der Aufbewahrungsfristen der Bücher verfügbar bleiben,
10. die Verwaltung von Informationssystemen und automatisierter Verfahren von der fachlichen Sachbearbeitung und der Erledigung der Aufgaben der Finanzbuchhaltung verantwortlich abgegrenzt wird (§ 28 Abs. 10 Satz 1 GemHVO auf Grundlage des Schreibens des Bundesministeriums der Finanzen an die obersten Finanzbehörden der Länder vom 14. November 2014 – IVa 4 - S 0316/13/10003 – BStBl. I S. 1450).

Haftungsschuldner

Eine Person, welche für die Verpflichtung des Selbstschuldners, also für einen anderen (Fremdschuld), haftet.

Handkassen (umgangssprachlich)

Für bestimmte Verwaltungs- und Aufgabenbereiche eingerichtete Organisationseinheiten zur Erledigung von Kassengeschäften „vor Ort" (beachte hierzu die Begriffe der Zahlstelle oder des Handvorschusses).

Insolvenzforderungen

Bezeichnung für die nicht nachrangigen Insolvenzforderungen nach § 38 InsO für die persönlichen Forderungen, die einen bereits zur Zeit der Insolvenzeröffnung begründeten Vermögensanspruch gegen den Schuldner gewähren.

Insolvenzmasse

Sie erfasst das gesamte Vermögen, das dem Schuldner zur Zeit der Verfahrenseröffnung gehört und das er während des Verfahrens erlangt (§ 35 Abs. 1 InsO).

Jahresabschluss

Ausweis der Ergebnisse der Haushaltswirtschaft eines Haushaltsjahres sowie des bilanziellen Vermögens- und Schuldenstandes (nach §§ 43 ff. GemHVO).

Journal

Erfasst alle Buchungen in zeitlicher Ordnung (§ 28 Abs. 4 Satz 1 GemHVO).

Kameralistik

Buchführungssystem zur Dokumentation von Geschäftsvorfällen zwecks Festhaltung kassenmäßiger Vorgänge (Geldbewegungen).

Kassenanordnung

Sie stellt das Verbindungsstück zwischen Haushalt und Gemeindekasse dar. In der Praxis werden meist Formulare vorgegeben, wonach die Gemeindekasse zur Vornahme bestimmter Maßnahmen angewiesen wird.

Kassenverwalter

Der Stelleninhaber, dem kraft Gesetzes die Wahrnehmung von Kassengeschäften obliegt (vgl. § 106 Abs. 1 und 2 GemO).

kaufmännische Buchführung

Ein Buchführungssystem zur Erfassung von Geschäftsvorfällen zwecks Erfolgsermittlung (GuV-Konto) und Erfassung des (Rein-)Vermögens (Bilanz); es kommt zur doppelten Buchung.

Kontogegenbuch

Dient dem Nachweis des Bestandes und der Veränderungen auf den für den Zahlungsverkehr bei Geldinstituten errichteten Konten der Gemeindekasse.

Kredit zur Liquiditätssicherung

Kredit zur Sicherstellung der Zahlungsbereitschaft.

Mahnung

Dringliche Zahlungsaufforderung, zu welcher die Regelungen zu Willenserklärungen entsprechende Anwendung finden; sie ist Verzugsvoraussetzung (i. S. v. § 286 BGB) und Grundlage der Verwaltungsvollstreckung (vgl. § 22 LVwVG).

Masseverbindlichkeiten

Forderungen, die mit oder durch die Insolvenzeröffnung entstehen (§§ 53 ff. InsO).

Neuforderungen (nach InsO)

Forderungen, die nach Insolvenzeröffnung entstehen und sich gegen den Schuldner persönlich (nicht gegen die Insolvenzmasse) richten.

Prinzip der Selbstschuldnerschaft

Das gesamte Vermögen des Schuldners unterliegt deshalb dem Zugriff eines Gläubigers, weil der Schuldner ein Schuldverhältnis eingegangen ist (vgl. § 6 Abs. 1 LVwVG).

Rechnungsprüfungsamt

Weisungsfreie Verwaltungsstelle bei kreisfreien und großen kreisangehörigen Städten (vgl. § 110 Abs. 3, §§ 111 bis 113 GemO).

Restrukturierungsplan

Ein seit 2021 für die Unternehmenssanierung mögliches vorinsolvenzliches Verfahren – gerade zur Abwendung eines Insolvenzverfahrens.

Restschuldbefreiungsverfahren

Besondere Verfahrensart der Insolvenzordnung, die nach Eigenantrag des Schuldners und dessen Redlichkeit (vgl. § 1 Satz 2 InsO) zur Erteilung der Restschuldbefreiung führt (vgl. §§ 286 ff. bzw. 304 ff. InsO).

Sachbuch

Erfasst alle Buchungen in sachlicher Ordnung (§ 28 Abs. 4 und 5 GemHVO).

Sonderkasse

Selbständige Kasse für abgegrenzten Bereich; einzige Ausnahme zum Grundsatz der Einheitskasse (§ 82 GemO).

tägliche Abstimmung (Tagesabschluss)

Abgleich der Finanzmittelkonten mit den Beständen zu jedem Buchungstag.

Tagesabschlussbuch

Hält die Ergebnisse der täglichen Abstimmung (= der einzelnen Tagesabschlüsse) fest.

Tagesgeld

Kurze Zeit bereitstehendes Guthaben auf Girokonten, die der Aufrechterhaltung des laufenden Zahlungsverkehrs dienen (Faustregel: bis 29 Tage).

Trennungsgrundsatz

Die Erledigung von Kassengeschäften und die Haushaltsführung dürfen nicht zusammengefasst sein (vgl. § 106 Abs. 5 GemO).

unbare Zahlungen

Überweisungen oder Einzahlungen auf ein Konto der Gemeinde- bzw. Sonderkasse bei einem Geldinstitut, Überweisungen oder Auszahlungen von einem solchen Konto und die Übersendung von Schecks.

Verbandsgemeinde

Rheinland-pfälzische Gemeindeverbände, die mehrere (Orts-)Gemeinden umfassen; sowohl Verbandsgemeinden als auch Ortsgemeinden sind als Gebietskörperschaften eigenständige juristische Personen.

Verrechnungen

Zahlungen, die durch buchmäßigen Ausgleich zwischen Einnahmen und Ausgaben bewirkt werden, das Ergebnis in den Büchern jedoch nicht verändern (unterscheide Verrechnungen und Aufrechnungen).

Verwaltungsvollstreckung

Die zwangsweise Durchsetzung öffentlich-rechtlicher Verpflichtungen des Bürgers oder sonstiger Rechtssubjekte durch die Behörde in einem verwaltungseigenen Verfahren.

Vier-Augen-Prinzip

Kritische Entscheidungen sollen von mindestens zwei Personen getroffen werden.

Vollstreckung

Die mit Machtmitteln des Staates erzwungene Befriedigung eines Anspruches.

Wertgegenstände (nach Kassenrecht)

Wertpapiere, Urkunden, Wertzeichen, sog. geldwerte Drucksachen, Plaketten und Zeichen für Amtshandlungen; abzugrenzen von bloßen Gegenständen wie Bürgschaftsurkunden oder Versicherungsscheinen.

Zahlstelle

Eine von der Gemeindekasse räumlich getrennte, dieser aber fachlich untergeordneten Stelle zur Wahrnehmung konkret zugewiesener Kassengeschäfte (z. B. die Theater-, Schwimmbad- oder Museumskasse); keine Ausnahme vom Grundsatz der Einheitskasse.

Zahlungsanordnungen

Sie berechtigen die Gemeindekasse, Zahlungen anzunehmen bzw. Auszahlungen zu leisten.

Zwangsmittel (§ 62 LVwVG)

Ersatzvornahme (§ 63 LVwVG), Zwangsgeld (§ 64 LVwVG) und unmittelbarer Zwang (§ 65 LVwVG).

Zweckverband

Zusammenschluss mehrerer Körperschaften zur gemeinsamen Zweckerreichung.

Stichwortverzeichnis

(angegebene Zahlen = Seitenzahlen)

W

X

Z